조기 발견부터 치료법까지

고양이의 암

야옹서가

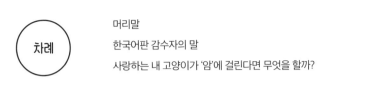

차례

1장

**고양이의
암
이해하기**

2장

**암의
발견과
진료의 흐름**

3장

**고양이가
걸리기 쉬운
암**

4장

**고양이의
암 치료
알아보기**

5장

**투병의
불안을
줄이려면**

이제 '암(악성종양)'은 인간뿐 아니라 고양이에게도 대표적인 사망 원인이 되었다. 이는 실내에서만 키우는 고양이가 증가하면서 감염병이나 교통사고 등으로 목숨을 잃는 경우가 줄어 평균 수명이 늘었기 때문이다. 이러한 고령화는 고양이가 가족의 일원처럼 건강 관리를 받고 임종을 맞이하는 날까지 소중히 보살핌을 받으며 지낸다는 증표지만, 한편으로는 암에 걸리는 고양이가 느는 딜레마도 생긴다. 그렇다면, 만약 내 사랑하는 고양이가 '암'에 걸린다면?

상상만으로도 비탄에 빠져 버리는 분도, 지금 바로 사랑하는 고양이가 한창 투병 중인 분도 있으리라. 암은 가장 치료하기 어려운 범주의 병인 만큼, 통증을 말로 표현할 수 없는 고양이의 곁에 있는 인간의 마음에도 불안이 밀려들기 마련이다. '어떻게든 구해주고 싶어' '가능한 한 모든 것을 해 주고 싶어' 하는 마음이 들기에 필사적으로 정보를 모으고 싶을 것이다.

그러나 인터넷에 난무하는 동물의 암 정보 중에는 개에게는 해당해도 고양이에게는 해당하지 않거나, 아직 효과가 검증되지 않은 치료법이 넘쳐난다. 그렇기에 '무엇이 옳고, 무엇이 그른지'를 파악하기가 매우 어렵다. 한번 정보의 파도가 휩쓸고 지나가면 오히려 불안이 커지거나, 치료가 가능한 암도 그럴 수 없게 될 가능성이 있다.

이러한 현상을 바라보면서 반려인이 고양이의 암에 대한 올바른 지식에 접근할 수 있도록 구상한 것이 이 책을 쓰게 된 목적이다. 매일, 암을 앓는 동물을 진료하며 유효성이 높은 치료법 개발에도 힘쓰는 수의임상종양학의 일인자 고바야시 데쓰야 선생님이 전면 감수했으며, 고양이 암의 특징, 가능한 예방과 조기 발견, 검사, 근치와 완화치료법을, 그림과 사진을 섞어 가며 자세히 설명했다.

그 무엇과도 바꿀 수 없는 생명과 마주하기 위해서, 반려인의 마음을 단단히 붙들어 줄 한 자락 희망으로서도, 이 책을 유용하게 활용해 준다면 감사하겠다.

처음으로 암이 의심된다는 말을 듣거나 암 진단을 받은 반려동물 환자의 보호자들은 형언할 수 없이 깊은 슬픔을 느낍니다. 정신을 차리고 정보를 검색해 보지만, 믿을 수 있는 정보나 내 반려동물에게 적절한 진단, 치료 방법을 찾기란 쉽지 않습니다. 동물 환자의 치료는 오로지 보호자의 선택에 따라 결정되기에 더 나은 선택을 위한 고민은 깊어질 수밖에 없습니다.

암 환자의 삶이 평안하기를 바라는 마음은 보호자나 수의사 모두 같습니다. '암'이라는 단어의 무게를 견뎌야 하는 보호자와 함께하는 시간은 저에게도 쉽지 않았습니다. 그렇지만 반려동물 암 환자와 함께해 온 시간을 아름답게 기억할 수 있었던 건 환자와 보호자의 남은 시간이 의미 있기를, 그 아름다운 동행의 끝에 후회가 남지 않길 바라는 마음이 반드시 전해질 거란 믿음이 있었기 때문입니다.

교과서에서 말하는 생존 기간보다 더 오래 잘 지내는 환자가 있는 반면, 너무나 짧은 삶을 살다가는 환자들도 있습니다. 그러나 암 환자여도 적절한 치료를 받는다면 삶의 마지막까지 덜 아프고, 잘 먹고, 잘 지내도록 도울 수 있습니다.

이 책은 보호자의 입장에서 종양이라는 질병을 이해할 수 있도록, 고양이에게 흔한 종양의 진단과 치료 과정을 알기 쉽게 설명하고 있습니다. 암 환자를 어떻게 돌볼지에 대한 궁금증을 풀고, 간병의 어려움에 대해 이해할 수 있도록 구체적인 방법을 제시하는 책이 되리라 생각합니다. 《고양이의 암》 한국어판이 고양이 보호자들에게 암을 이해하고 치료를 선택하는 데 도움이 되기를, 또한 수의사 선생님들에게도 동물 암 환자와 보호자들을 좀 더 이해할 계기가 되기를 기대합니다.

- 임윤지(VIP 동물의료센터 청담점 반려동물암센터 원장)

사랑하는 내 고양이가 '암'에 걸린다면 무엇을 할까?

순서도(flowchart)로 점검

고양이의 '암'이 의심되어 동물병원에 가면
아래와 같은 흐름에 따라 검사와 진단, 치료를 진행한다.

※고양이의 고통을 최소한으로 줄이기 위해 근치치료 중에는 완화치료도 병행한다.

고양이의 암
이해하기

고양이의 '암'이란 어떤 병일까?

'암'은 고양이의 대표적인 사인 중 하나다

인간 세계에서는 일본인 두 명 중 한 명이 '암'[1]에 걸린다고 하는데, 고양이에게서도 드문 병은 아니다. 고양이 신장병이나 심장병은 들어 본 적 있어도, 암은 키우는 고양이의 암을 의심하면서 비로소 의식하게 되는 반려인이 많은 것 같다.

해외 수의학 연구 결과 중에는 병사한 고양이 중 3분의 1이 '암'으로 사망했다는 데이터(그림1)가 있으며, 일본에서도 10세 이상의 고양이 사망 원인 중 상위권에 종양이 있다[2].

지금은 건강한 고양이라도 나이가 들면 암에 걸릴 가능성이 있다. 고양이를 기르는 반려인에게는 남의 일이 아니므로, 알아 두어야 할 병이라 할 수 있다.

※ 1 출처: 일본 국립암연구센터 암 정보 서비스 '암 등록·통계'
※ 2 출처: 《애니컴 가정 동물백서 2017》 고양이의 사망 원인

그림1 병으로 사망한 고양이의 사인 TOP10

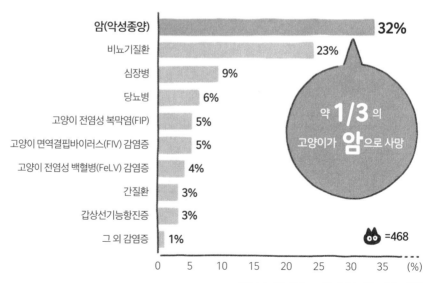

출처: Animal Health Survey, Morris Animal Foundation, 1998

'암'이란
악성종양을 말한다

'암'이란 무엇일까. 일상적으로 쓰이는 종양, 혹, 폴립 등 비슷한 용어가 있어서 혼동하기 쉽다. 우선은 용어 정의부터 하자. 암이란 악성종양의 총칭이다. 세포가 모종의 원인으로 비정상적으로 늘어 덩어리가 된 것을 종양이라고 하는데, 종양에는 악성과 양성이 있으며, 악성을 '암'이라고 부른다.

또한 종양은 '신생물'이라는 말과 같은 의미로 쓰이며, 암을 '악성신생물'이라고 부르기도 한다.

주위로 퍼지며
다른 곳에 날아간다

종양에는 악성인 암 외에 양성도 있다(표1). 양성종양은 커지기는 해도 몸에 중대한 해를 입히는 일은 거의 없다.

한편 악성종양은 이상세포가 무질서하게 무제한 증식을 반복하면서 주위로 스며들듯 퍼지는 침윤(그림2)을 일으키거나, 정상 조직을 파괴하기도 한다. 나아가 암세포가 떨어진 조직으로 날아가는 전이(그림3) 가능성이 있어서, 생명의 위험을 초래하는 중대한 악영향을 끼치기도 한다.

표1 암(악성종양)과 양성종양의 차이

	암(악성종양)	양성종양
침윤한다?	한다	하지 않는다
전이한다?	한다	하지 않는다
정상적인 조직을 파괴하는 힘은?	강하다	없다~ 약하다
종양이 원인이 되어 사망할 가능성은?	있다	없다

그림2 침윤의 이미지

이상세포가 증식하면서 주위로 스며들며 퍼진다.

그림3 전이의 이미지

이상세포가 떨어진 조직으로 날아간다.

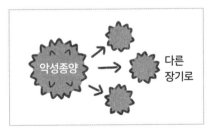

개와 비교하면 고양이의 종양은 악성이 많다

침윤이나 전이의 위험이 없는 양성종양이라면, 아무 걱정이 없다고 생각할지도 모른다. 하지만 고양이의 경우, 현실적으로 종양이라면 애초에 악성이 많고, 개에 비해 양성종양인 경우가 적다. 또한 지금은 양성으로 진단되어도 향후 종양이 악성으로 변할 가능성도 있기에(특히 유선종양), 양성이든 악성이든 고양이의 종양은 주의해야 한다.

고령일수록 암의 위험이 커진다

현재 일본 반려묘의 평균 수명은 15.45세이다.※³ 약 10년 전에 비해 평균 수명은 늘었으며※⁴, 장수 고양이가 늘어난 것은 기쁜 일이지만, 고령이 될수록 암 발생 위험은 커지는 경향이 있다(단, 고양이 백혈병바이러스가 관여하는 림프종의 경우 젊은 나이에도 걸린다).
또한, 암의 종류에 따라 걸리기 쉬운 고양이나 환경의 요인을 미리 알 수도 있다. 가령 비만세포종은 샴 고양이가 많이 걸리고, 편평상피암은 자외선의 영향을 받기 쉬우므로 흰색 털의 고양이에게 많이 발생하는 경향이 있다. 그 외에도 림프종은 담배 연기가 영향을 주므로 집사나 가족이 흡연자라서 간접흡연을 한 고양이는 림프종 발생 위험이 커진다는 사실이 밝혀졌다.

발병 위험을 피하면 예방할 수 있는 암도 있다

암은 다양한 원인이 얽혀서 발생하므로, 확실히 예방하기가 어렵다. 하지만 개중에는 발생률이 높아지는 원인을 피하면 위험을 줄일 수 있는 암도 있다.
잘 알려진 것은 유선종양의 발생과 호르몬의 관계. 일찍(1세가 되기 전) 중성화수술을 받으면 유선종양 발생률이 낮아지므로, 유선종양 예방 수단으로 유효하다는 사실이 밝혀졌다. 또한 담배 연기에 의한 림프종 발생 위험을 피하기 위해서는 고양이가 간접흡연을 하지 않도록 하는 것도 암 예방법의 하나가 된다.

※3 출처: 일반사단법인 펫푸드협회 '2020년 전국 개·고양이 사육 실태 조사'
※4 '2011년 전국 개·고양이 사육 실태 조사'에서는 고양이의 평균 수명이 14.39세였다.

'암'과 '암종'은 다른가?

흔히 '암'은 악성종양 전반을 가리키지만 '암' 중에서도 '암종'은 구분된다.
자세히 설명하면 암(악성종양)은 세포의 유래에 따라 두 가지로 나뉜다. 하나는 피부나 점
막, 간, 소화기, 신장, 전립선 등의 상피성조직에서 발생하는 종양으로, 이것을 상피성악성
종양, 혹은 암종이라고 한다. 암종에는 편평상피암, 유선종양 등이 있다.

다른 하나는 상피성 조직 외의 결합조직, 혈관, 연골, 뼈, 근육, 신경 등에서 발생하는 종양
으로, 비상피성악성종양 혹은 육종이라고 부른다. 육종에는 골육종이나 섬유육종 등이
포함된다. 또한 혈액세포(골수나 림프절 등의 조혈기관)에서 발생하는 림프종, 비만세포
종, 백혈병 등의 원형세포종양도 비상피성종양에 포함된다.

엄밀히 말하면 암과 암종은 다르지만, 일반적으로는 특별히 나누지 않는 경우도 많기 때
문에 이 책에서는 원칙적으로 암종도 '암'으로 표현했다.

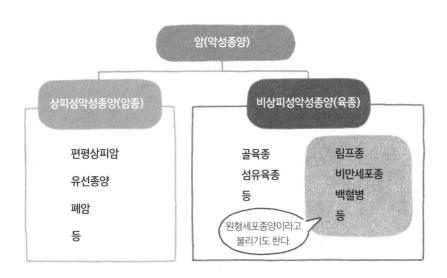

고양이의 '암'이 생기는 부위

고양이에게 생기는 암의 종류는 개만큼 많지는 않지만, 그래도 온몸에 발생한다. 특히 생기기 쉬운 부위가 있으므로, 주요 암과 그 발생 부위를 소개하겠다.

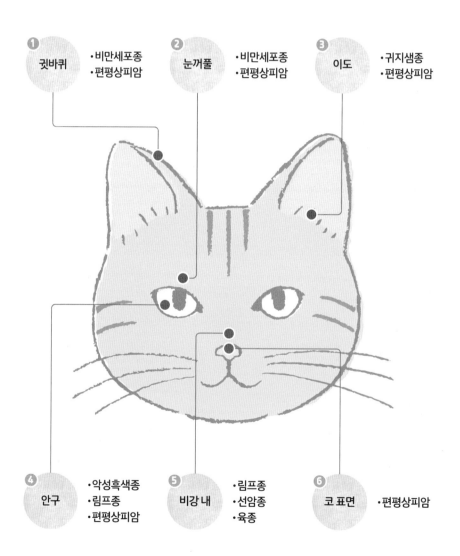

① 귓바퀴
- 비만세포종
- 편평상피암

② 눈꺼풀
- 비만세포종
- 편평상피암

③ 이도
- 귀지샘종
- 편평상피암

④ 안구
- 악성흑색종
- 림프종
- 편평상피암

⑤ 비강 내
- 림프종
- 선암종
- 육종

⑥ 코 표면
- 편평상피암

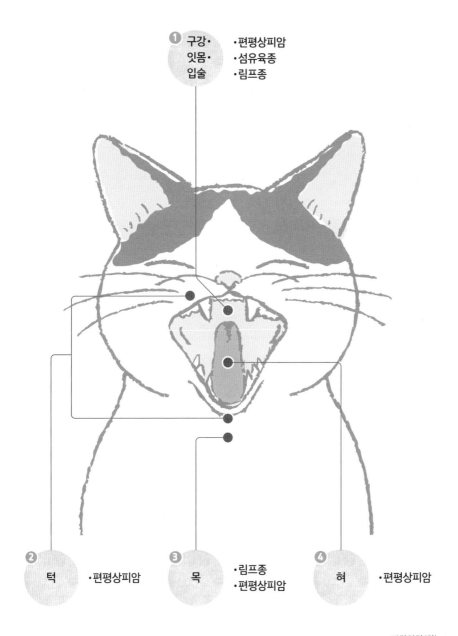

❶ 구강·잇몸·입술
- 편평상피암
- 섬유육종
- 림프종

❷ 턱
- 편평상피암

❸ 목
- 림프종
- 편평상피암

❹ 혀
- 편평상피암

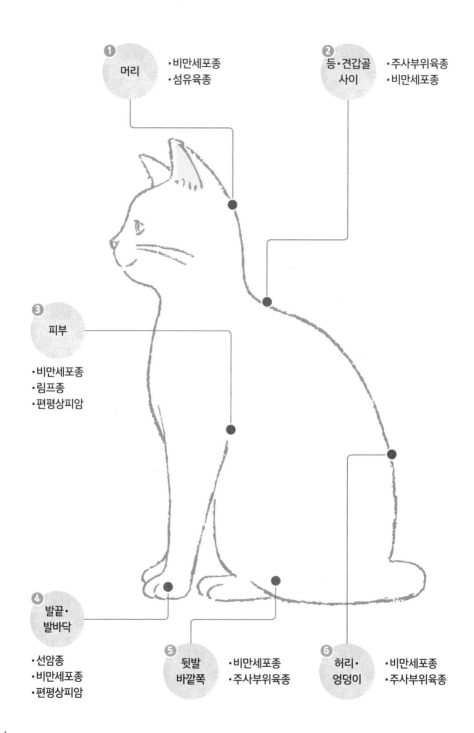

❶ 머리
- 비만세포종
- 섬유육종

❷ 등·견갑골 사이
- 주사부위육종
- 비만세포종

❸ 피부
- 비만세포종
- 림프종
- 편평상피암

❹ 발끝· 발바닥
- 선암종
- 비만세포종
- 편평상피암

❺ 뒷발 바깥쪽
- 비만세포종
- 주사부위육종

❻ 허리· 엉덩이
- 비만세포종
- 주사부위육종

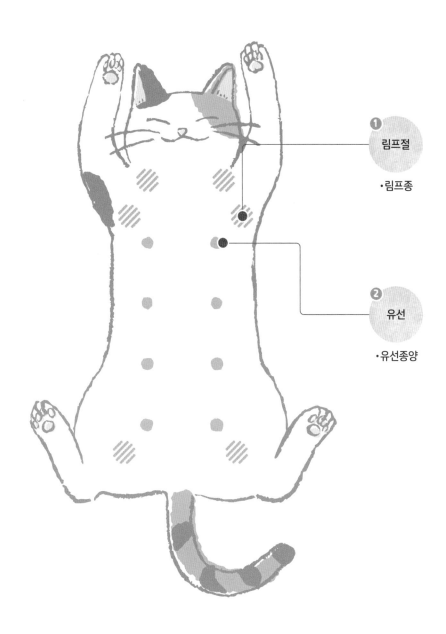

①
림프절

•림프종

②
유선

•유선종양

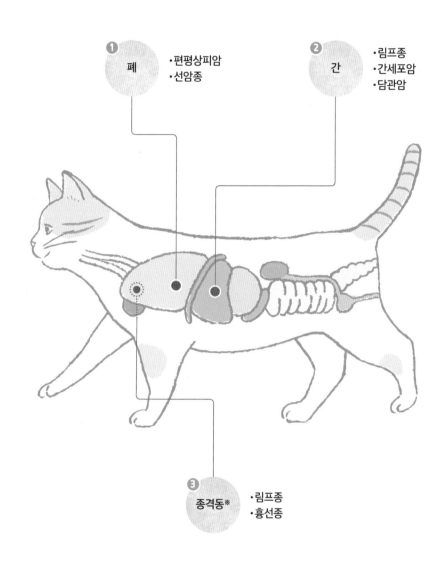

① 폐 ・편평상피암
・선암종

② 간 ・림프종
・간세포암
・담관암

③ 종격동※ ・림프종
・흉선종

※ 종격동: 좌우 늑막강 사이의, 흉곽 가운데 있는 폐를 제외한 공간.

16

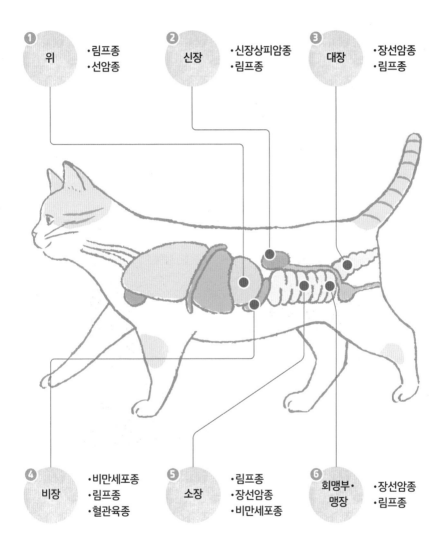

❶ 위 ‒ •림프종
•선암종

❷ 신장 ‒ •신장상피암종
•림프종

❸ 대장 ‒ •장선암종
•림프종

❹ 비장 ‒ •비만세포종
•림프종
•혈관육종

❺ 소장 ‒ •림프종
•장선암종
•비만세포종

❻ 회맹부·
맹장 ‒ •장선암종
•림프종

범람하는 인터넷 정보를
그대로 받아들이지 말자

인터넷에서 검색하면 무슨 정보든 찾아낼 수 있는 편리한 시대지만, 범람하는 정보가 반드시 올바른 것은 아니다. 반려동물의 병이나 치료법에 대한 정보는 개를 염두에 둔 것도 많아서, 고양이에게는 해당하지 않는 것도 있다. 나아가 주사부위육종이나 고양이 백혈병바이러스와 관련한 림프종 등 연령대에 따라 적용되는 정보가 크게 달라지는 것도 있다. 애매한 정보에 휘둘리지 않도록 검사와 치료 등에서 의문점이 있다면 눈치 보지 말고 수의사에게 질문하여 병에 관한 최신 정보를 확보하자.

2장

암의 발견과
진료의 흐름

암을 조기에 발견·치료하려면

조기 발견이 치료의 폭을 넓힌다

암은 예방이 어려운 병이지만 인간과 마찬가지로 고양이의 암도 조기 발견이 조기 치료의 효과적인 대책이다. 이른 단계에 발견한다면 치료 방법의 선택지도 많지만, 꽤 진행된 후에 동물병원에 가면 할 수 있는 일이 한정적이다.

어떤 암이든 공통된 징후는 체중 감소

그렇다면, 암을 조기 발견하려면 어떻게 해야 할까? 혹이 생기거나 코피가 나는 등 특유의 증상이 있는 암은 눈치챌 수 있지만, 그 외의 암은 집사가 알아채기가 좀처럼 쉽지 않다.

하지만 어떤 암이든 공통적인 현상은 체중 감소다. 나이가 들면 다른 병으로도 체중이 감소할 수 있으므로 암에 걸렸을 때만 나타나는 신호라고 할 수는 없지만, 식사량이 줄지 않았는데도 살이 빠지면 동물병원에서 진료를 받도록 하자.

만성적으로 체중이 줄어드는 것도 암의 징후 중 하나다. 건강할 때보다 체중이 10퍼센트 이상 준다면 몸 어딘가에 이상

이 있는 것인지도 모른다. 20퍼센트 이상 줄어든다면 거의 확실히 어떤 이상이 있는 것이므로 가능한 한 서둘러 동물병원에서 진료를 받자.

평소 집에서 건강 점검을 습관화하자

고양이는 통증을 참거나 숨기는 경향이 있는 동물이지만 몸이 안 좋을 때는 안 좋은 징후가 나타난다. 집사가 그 징후를 한시라도 빨리 눈치채는 것이 암뿐만 아니라 모든 병의 조기 발견으로 이어진다. '진료를 받으니 이미 꽤 상태가 나빠져 있었다'는 사태를 피하기 위해서라도 평소 집에서 건강 점검(22~23쪽 참고)을 습관화하자.

암의 징후를 발견하면 곧바로 병원으로

작은 혹이 있거나 살이 빠지는 등, 암을 의심할 만한 징후를 발견했다면 평소 다니던 동물병원에 즉시 데려가도록 하자. 혹시 '기분 탓인지도 몰라' '그냥 사마귀일 거야' 하고 생각하며 커질 때까지 지켜봐서는 안 된다. 곧바로 병원에 가서 진찰받는 것이 중요하다. 초기라면 고칠

수 있는 암도, 커져서 진행된 후라면 아무리 명의라도 치료가 어려워진다. 너무 예민한 건 아닌가 싶을 정도라도 괜찮으니 혹이 느껴지면 당장 병원으로 달려가자.

체중 관리는 암을 포함한
중대 질병을 조기 발견하는 첫걸음

고양이의 건강 관리에서 배설이나 구토는 점검해도 체중 측정은 '매일 안으면 무게는 대충 아니까……' 하며 놓치고 있지 않은가?

고양이는 건강할 때와 비교해서 10퍼센트 이상 체중이 줄면 이상이 있는 것으로 판단하는데, 가령 4kg의 고양이라면 10퍼센트는 400g이다. 일반적인 성인용 체중계로는 400g의 감소는 오차가 나오기 쉬우므로 알아채기 어렵다.

따라서 고양이의 체중을 잴 때는 10~50g 단위의 계량이 가능한 반려동물용 체중계나 신생아용 베이비 스케일을 추천한다. 고양이가 체중계에 잘 안 올라가려 한다면 아래에 적힌 방법을 써 보자. 또한 최근에는 스마트폰 애플리케이션으로 체중 측정이 가능한 고양이용 화장실 등도 있다. 어떤 방법이든 정기적으로 정확한 체중을 재어서 기록해 두자.

◆ 고양이가 체중계에 올라가도록 하는 방법
• 간식을 체중계 위에 둬서 고양이가 스스로 올라가도록 유도한다.
• 고양이가 좋아하는 상자를 올려서 안에 들어가게 한다(상자 무게는 뺀다).
• 고양이를 세탁망에 넣어서 잰다.

반려동물용 체중계. 항상 집 안에 두면 익숙해져서 잘 올라가게 된다.

평소 간식을 줘서 '좋은 일이 일어나는 장소'로 인식하게 한다.

건강 점검 리스트

아래 항목을 참고하여 고양이의 몸이나 행동을 점검하고,
하나라도 해당하는 항목이 있다면 수의사와 상담하자.

얼굴과 머리 점검

☐ 갑자기 눈곱이 낀다.

☐ 부스럼이 낫지 않는다.

☐ 입 냄새가 심해졌다.

☐ 잇몸이 빨갛게 부어 있거나 피가 난다.

☐ 눈의 좌우 형태나 두께가 다르다.

☐ 눈의 순막이 나온 채 들어가지 않는다.

☐ 코피(특히 한쪽에서)가 난다.

☐ 얼굴이 변형되었다.

☐ 턱 아래 혹이 있다.

몸 점검

☐ 털 결이 거칠어졌다.

☐ 같은 부위만 핥는다.

☐ 피부에 붉은 기나 오돌토돌한 것이 있다.

☐ 어두운 곳에 웅크리고 있다.

☐ 평소와 다르게 걷는다.

☐ 갑자기 점프를 하지 않는다.

☐ 몸을 만지면 아파한다.

☐ 배나 가슴에 혹이 있다.

☐ 평소보다 호흡하는 횟수가 많다.

☐ 가만히 있는데 배로 호흡한다.

☐ 덥지도 않은데 개구호흡을 한다.

식사 점검

□ 사료를 잘 못 먹는다.

□ 식욕이 없다.

□ 먹는데도 체중이 줄어든다.

□ 물을 안 마신다.

□ 음수량이 늘었다.

□ 토한 후에 몸 상태가 안 좋아 보인다.

배설 점검

□ 자꾸만 화장실에 간다.

□ 배설 자세를 취하지만
　막상 나오지 않는다.

□ 붉은 소변을 본다.

□ 변에 피가 섞여 있다.

평소에 마사지나 브러싱으로
스킨십을 하면서 고양이가
몸을 만지는 것에
익숙해지도록 만들자.

정기 검진으로
건강 상태를 점검

고양이 몸에 이상이나 변화가 없더라도 정기적으로 건강 검진을 받는 것은 병의 예방, 조기 발견·치료에 도움이 될 수 있다. 특히 혈액이나 소변 검사는 고양이가 많이 걸리는 신장병을 빨리 발견할 수 있으므로 여섯 살 이상이 되면 일 년에 두 번 받는 것을 추천한다.

병원에 따라서는 기본적인 신체검사, 혈액검사, 소변 검사, 대변 검사 외에도 X선 검사, 초음파 검사 등을 추가한 코스도 있다. 정기 검진을 어디까지 받을지는 고양이의 연령이나 성격, 검사 빈도, 비용 등도 고려하여 판단해야 한다.

신체검사에서 전신을 빠짐없이
촉진받도록 하자

반려묘의 건강 점검을 하면서 신경 쓰이는 모습이나 이상이 있으면 동물병원에 가서 수의사에게 제대로 전달하자.

암을 발견할 때 동물병원 검사에서 가장 중요한 것은 고양이의 몸을 샅샅이 촉진하는 신체검사다. 눈이나 귀, 코, 입안, 피부, 배, 유선의 촉진, 심음이나 호흡음 점검 등 고양이의 전신을 잘 살펴달라고 하자.

그리고 병이 의심될 때는 목적에 맞게 X선 검사나 초음파 검사, 나아가 종양 가

능성이 있을 때는 자세한 검사를 진행하여 암 여부를 검사한다.

혈액검사로는 대부분의 암은
발견되지 않는다

인간은 혈액 속 종양 표지자를 검사함으로써 암을 발견하기도 한다. 그러나 고양이는 극히 일부의 암(백혈병 등)을 제외하면, 혈액검사로 암을 발견하기 어렵다. 때로는 동물병원에서 구토나 설사 등 암과는 무관한 문제로 정밀검사를 받다가 우연히 암이 발견되기도 한다.

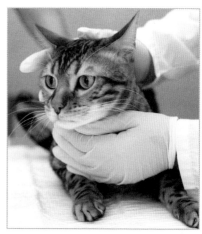

Created by Freepik - Freepik.com

암 진료에는 세 단계가 있다

암 진료는 계획적인 전략이 중요

동물병원에서 진료받았는데 반려묘에게 암이 의심될 때, 어떻게 진료와 치료가 진행될까? 암의 진료에는 아래 그림(그림1)과 같은 세 단계가 있다.

암은 고양이의 목숨을 빼앗을 위험이 있는 만만치 않은 적이다. 그 적에게 효과적으로 대적하려면 무작정 부딪치고 본다든가, 일단 시도해 놓고 나머지는 운에 맡기는 식으로 대응하는 게 아니라, 적의 상태를 잘 검사하고, 사전에 작전을 세우는 것이 무척 중요하다. 이 세 단계는 이를 위한 중요한 사고방식이다.

그림1 암 진료의 세 가지 단계

1단계   **진단**

몽우리나 혹은 검사해서 종양인지 확정한다.
→ 병리검사(세포 검사 혹은 병리조직검사) 26쪽~

2단계   **전이·내재질환 검사**

종양의 전이나 내재질환 유무를 확인한다.
→ 영상 검사, 혈액검사 등 28쪽~

3단계   **치료**

완치(근치) 혹은 증상의 완화를 목표로 하는 치료 계획을 세운다. 30쪽~

근치치료	완화치료
암과 적극적으로 싸우는 치료	암과 공존하는 치료
72쪽~	86쪽~

종양을 확정하기 위한 병리 검사

고양이는 증상을 말할 수 없기에 검사가 매우 중요하다

암이 의심되는 경우 중요한 것은 검사로 확실히 진단하는 것이다. 고양이는 인간처럼 스스로 '여기가 아프다' '몸이 안 좋다'라고 호소할 수 없다. 검사는 말을 할 수 없는 고양이의 몸 상태를 아는 중요한 수단이다.

일단 진료 제1단계, 즉 암을 진단하기 위한 검사에는 세포를 보고 진단하는 세포 검사와 세포 및 조직 구조를 보고 진단하는 병리조직검사가 있다(표1). 이들을 합쳐서 생검(생체검사)이라고 부른다. 각 생검법의 특징을 설명하겠다.

● 세포 검사
주삿바늘로 세포를 한 방울 떼어 검사하는 생검

백신이나 피하주사에 쓰는 주삿바늘과 같은 크기의 가느다란 바늘을 혹에 찔러 세포를 채취하는 검사(바늘 생검)이다. 채취한 세포를 슬라이드 글라스에 부착해 염색한 후 현미경으로 관찰하여 혹이 종양인지, 악성인지 판단한다. 대세포성 림프종이나 비만세포종 등 일부의 암은 세포 검사로 확진할 수 있다. 일반적으로 마취가 필요 없기에 고양이의 몸에 부담이 적은 데다 빠르고 간단한 검사다.

악성 혹은 양성종양이라는 단순한 분류뿐 아니라 종양의 유래나 등급 등 자세히 알아봐야 하는 경우 병리조직검사가 필요할 수도 있다.

세포 검사에서 사용되는 바늘

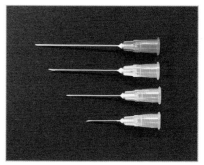

채혈이나 투약에 이용되는 것과 같은 가느다란 바늘이므로 통증은 거의 없다.

표1   세포 검사와 병리조직검사의 차이

	세포 검사	병리조직검사
무엇을 보는가?	세포	떼어낸 부위의 세포와 조직 구조
진단의 정밀도	80~90%	90% 이상
고양이의 몸에 주는 부담	적다 (주사와 마찬가지 정도)	보통~많다 (국소 마취, 절개수술 등이 필요)
결과가 나오는 기간	3일~1주일 정도	5~10일 정도
비용의 기준(★~★★★)	★~★★	★★~★★★

● 병리조직검사
조직을 덩어리로 떼어내어 조직 구조를 검사하는 생검

암이 의심되는 부위의 일부나 전체를 떼어내어 세포나 조직을 자세히 알아보는 검사다. 전용으로 쓰는 두꺼운 바늘이나 메스 등을 이용한다.

절개・절제를 하려면 국소 마취나 진정제 투여, 전신 마취 등이 필요하기에 고양이의 몸에 부담이 가지만, 세포 검사로 진단을 못 했을 경우, 혹은 더욱 자세한 정보가 요구될 때 필요한 검사다. 채취한 샘플은 전문 외부 기관(검사 센터)에 의뢰하여 전문가가 진단하기 때문에 결과가 나오기까지 5~10일 정도가 걸린다.

병리조직검사에서 사용되는 기구

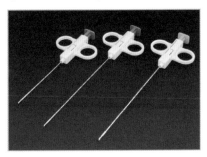

세포 검사(바늘 생검)에서 사용하는 침보다 두꺼운 전용 바늘을 혹에 찔러서 조직을 채취한다.

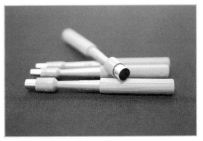

원형 칼로 종양의 피부를 도려내어, 조직을 채취하는 전용 도구

암의 진행이나 확산을 검사하는 영상 검사

육안이나 촉진으로 알 수 없는 정보를 영상으로 검사한다

암의 진행 정도나 확산 정도를 진단하는 방법에는, 체내를 영상으로 찍어서 알아보는 영상 검사가 있다. 영상 검사에는 X선 검사, 초음파 검사, 또 다른 검사의 과부족을 채우기 위한 CT(컴퓨터 단층촬영) 검사나 MRI(자기공명영상법) 검사를 이용하기도 한다. 각각 장단점이 있으므로 암의 종류나 위치에 따라 여러 방법을 조합하여 진단하기도 한다.

암이라고 하면 대개 치료 방법에 주목하게 되지만, 그 전단계인 검사·진단 방법은 해마다 발전하고 있다. 특히 초음파 진단 장치의 성능이 최근 놀라우리만큼 향상되었다. 따라서 배 속 질병의 진단 정밀도가 높아졌다.

●X선 검사
특히 폐로 전이되었는지 확인하기 위해 중요

X선 진단 장치를 이용하여, 육안이나 촉진으로는 알 수 없는 종양의 위치, 전이 유무를 알아볼 수 있다. X선 검사는 종양의 위치나 크기, 각종 장기와의 관계성 등 전체상을 파악하기 위해 이용되는데, 폐로 전이되었는지 확인하기 위해서 가장 중요한 검사 중 하나다.

폐 전이를 동반한 유선종양의 흉부 X선 영상

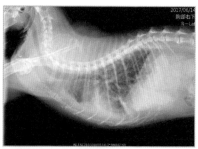

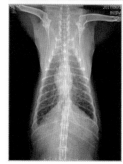

▲측면 영상
◀하늘을 보고 누웠을 때의 영상. 폐(검은 부분)에 무수히 많은 흰 음영이 확인된다.

● 초음파 검사
고양이에게 부담이 적고 종양의 내부 구조를 알 수 있다

종양의 유무나 크기뿐 아니라 혹의 내부 구조나 혈류의 유무 등도 알 수 있다. 초음파를 이용하기 때문에 방사선 피폭 염려가 전혀 없어 몸에 부담이 적다. 단, 복부나 가슴 부위의 장기를 볼 때 털이 방해되기 때문에 검사 부위의 털을 밀어야 한다.

초음파 검사를 받는 고양이와 초음파 영상

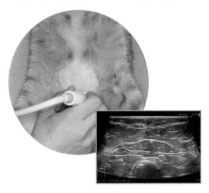

털을 민 부분에 초음파 프로브(※역주-탐촉자. 초음파를 발생시켜 검사 부위에 보내고, 반사된 음파를 수신하여 영상으로 볼 수 있게 한다)를 대고 검사. 오른쪽은 검사 모니터 영상.

마취는 지나치게 두려워하지 않아도 된다?

검사나 수술을 할 때 국소마취, 진정제 투여, 전신마취가 필요할 때가 있다. 마취나 진정제라는 말을 듣고 '무섭다'며 불안해하는 반려인도 있으리라. 예전에는 '마취 때문에 죽었다'는 슬픈 이야기가 도시전설처럼 떠돌았지만, 현재는 마취의 정확도도 올라가서, 전신마취에는 안전성이 높은 흡입마취(가스마취)가 수많은 동물병원에서 쓰이고 있다.
2002~2004년에 영국의 117개 동물병원에서 실시한 대규모 조사에 따르면 마취·진정 처치를 받은 고양이 79,178마리 중 마취나 진정이 사망과 관련된 것으로 보이는 비율은 0.24%로 보고되었다[1].
물론 마취의 위험성이 아예 없지는 않다. 사전에 안전하게 마취할 수 있는지를 수의사가 철저히 검사하고, 마취를 시킬 때는 주의를 기울여야 하지만, 반려인이 지나치게 두려워할 필요는 없다.

※1 이 연구에서의 '마취·진정 관련 사망 수'란, 마취 후 48시간 이내에 사망한 증례 중 마취가 원인일 것으로 추정되는 사망 증례로 정의한다.

치료 계획 세우기

치료의 목적은 '근치'와 '완화'로 나뉜다

암을 치료할 때 우선 생각해야 하는 것이 '치료 목적'이다. "목적은 당연히 '낫는 것' 아니야?"라고 생각할 수도 있겠지만 암은 완전히 낫기가 무척 어려운 병이다. 따라서 치료 내용은 무엇을 목적으로 생각하느냐에 따라 콘셉트가 다른 두 가지 길로 나뉜다(**그림1**).

하나는 암과 적극적으로 싸워서 완치를 목적으로 하는 근치치료, 또 하나는 암과 싸우지 않고 공존하는 완화치료다.

근치치료는 암 그 자체를 제거하는 것을 목표로, 외과요법(수술), 항암요법(항암제 등), 방사선요법 등을 단독, 혹은 조합해서 시행한다.

한편 완화치료는 암과는 직접 싸우지 않고 암과 관련한 통증이나 고통을 덜거나, 영양을 보충하는 등 삶의 질(QOL: Quality Of Life)을 높이는 것이 목적이다.

그림1 목적에 따라 다른 암 치료 계획

암 치료

근치치료
암과 적극적으로 싸운다.

- 외과요법
- 항암요법
- 방사선요법

위험부담 많음, 효과 큼

완화치료
암과 공존한다.

- 통증 완화
  진통제
  외과요법
  항암요법
  방사선요법
- 영양 보충
- 고통 완화

위험부담 적음, 한정적 효과

치료 계획은 위험부담과 효과의 균형을 생각한다

반려묘의 암 치료를 시작할 때는 앞서 말한 치료 방침을 결정하게 된다.

적극적으로 암과 싸우는 근치치료는 효과가 크며 몇 년 단위로 수명을 연장할 수도 있지만, 위험부담이 있을 수 있고 반려인의 부담이 커질 수도 있다.

한편 완화치료는 위험부담은 적지만 얻을 수 있는 효과도 완만하고 한정적이다. 완화치료를 선택했을 때의 평균 생존 기간은 몇 개월 정도다. 기본적으로는 암이 이미 많이 진행되었거나, 반려인의 사정 등에 따라 근치치료가 어려울 경우의 선택지이므로 '이별의 날이 올 때까지 평온하게 지내기 위한 치료'라 할 수 있다.

근치치료의 개시와 함께 완화치료를 시행하는 것이 주류

암과 싸우는 근치치료라고 해서 고양이에게 고통을 계속 주는 것은 아니다. 최근에는 근치치료와 병행해서 영양 면에서 도움을 주거나 통증을 제거하는 완화치료를 병행하는 방법이 주류를 이룬다 (그림2).

수의사는 치료의 토털 코디네이터로서 치료 계획을 세워서 반려인에게 선택지를 제시할 것이다. 가족끼리 잘 상의해서 치료 효과와 위험부담의 균형을 충분히 고려한 후 치료 방침을 정하자.

그림2 근치치료와 병행하여 완화치료를 시행하는 방식이 주류

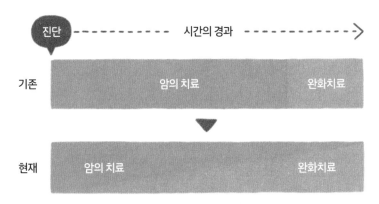

기존에는 암 치료가 불가능해졌을 때야 완화치료로 이행하는 방식이었다(위).
현재는 암으로 진단받았을 때부터 근치치료와 함께 통증과 고통을 없애는 완화치료를 병행하여 개시한다.

암 치료에는
고액의 치료비가 든다

고양이의 종양 치료에 드는 연간 진료비는 9~12세의 연령대에 평균 121,782엔[1]에 달한다는 보고가 있다. 진료비는 암의 종류, 치료 방법, 치료 기간 등에 따라 다양하다. 종양 수술을 하면 1회당 진료비가 평균 약 8만~14만 엔 전후[2], 방사선요법 등을 선택하면 수십만 엔이 드는 경우도 있으므로 '어디까지의 치료를 바라는가'는, 냉정한 문제이지만 생각해야만 한다.

무엇이 최선책인지는 반려인의 가정 상황이나 사고방식에 따라 다르다. 결단을 위한 용기도 필요하지만, 수의사와 상담하면서 반려인과 고양이에게 현시점에서 가장 좋고 수긍이 가는 방법을 찾도록 하자.

[1] 《애니컴 가정동물백서 2019》 고양이의 질환별·연령별 연간 진료비(한 마리당)
[2] 《애니컴 가정동물백서 2019》 고양이의 수술 이유 TOP10

3장

고양이가
걸리기 쉬운 암

고양이가 많이 걸리는 대표적인 5대 암

고양이 종양 대부분이 악성이지만, 걸리기 쉬운 암의 종류는 그렇게 많지 않다.
고양이가 걸리는 대표적인 암은 다음 다섯 가지다. (통계 자료는 그림1)

유선종양

유선에 발생하는 악성종양. 암고양이에
게 발생하지만 드물게 수고양이가 걸리
기도 한다. 초기에는 쌀알 정도의 혹이 점
점 커져서 림프절이나 폐로 전이될 위험
도 높은 암이다. 호르몬 균형과 관계가 있
으며, 일찍 중성화수술을 하면 예방으로
이어진다는 사실이 밝혀졌다.

자세한 설명은→36쪽~

림프종

혈액 속 백혈구 중 하나인 림프구 암. 전
신의 다양한 부위에 발생하지만, 현재 가
장 많은 곳은 위나 장에 생기는 소화기형
과 비강형 림프종이다. 또한 고양이 백혈
병바이러스에 감염된 고양이가 많은 지
역에서는 어린 고양이를 중심으로 가슴
속에 생기는 종격동형이나, 전신 림프절
이 붓는 다중심형 등의 림프종도 보인다.

자세한 설명은→44쪽~

비만세포종

병명 때문에 뚱뚱한 고양이가 걸리는 암
이라고 생각하기 쉽지만, 체형과는 상관
없이 비만세포라는 백혈구 중 하나가 종
양화한 암이다. 피부에 생기는 피부형과
내장(특히 비장)에 생기는 유형이 있으
며, 피부형은 머리나 목, 다리 등에 사마
귀 같은 것이나, 피부가 붉어지는 현상 등
이 생긴다.

자세한 설명은→52쪽~

비만세포종은 풍풍한 고양이가
걸리는 암이 아니다냥.

편평상피암

피부나 점막을 구성하는 편평상피세포가 암이 된 것. 안면 피부와 입안에 잘 생기며, 고양이의 입안에 발생하는 암 중에서는 가장 흔하다. 구내염 같은 것이 한 군데만 보인다면 주의하자. 또한 흰 고양이의 귓바퀴, 코나 눈꺼풀에 딱지 같은 것이 생긴 후 계속 낫지 않는 것도 편평상피암일 가능성이 있다.

자세한 설명은→58쪽~

 주사부위육종

백신 등의 주사약제가 원인일 것으로 생각되는 악성종양(육종). 주사를 많이 맞는 견갑골 사이, 뒷발 바깥쪽, 등, 엉덩이 등에 혹이나 멍울 같은 것이 생겨 점점 커진다. 종양이 극단적으로 커지기 쉽다는 특징이 있다.

자세한 설명은→64쪽~

그림1 병으로 사망한 고양이의 사인 TOP10

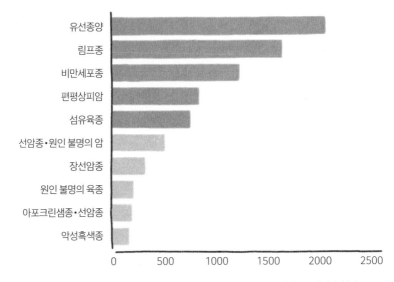

출처: 노스랩 데이터베이스 2015

※그림 1은 2005년 1월~2014년 12월까지 10년간, 일본 국내 병리조직검사센터(노스랩)에 제출되어, 암으로 진단받은 결과를 집계한 데이터다. 상위 5위가 고양이에게 많은 암이다. 단, 병리조직검사에 제출되지 않고 세포 검사에서 진단이 확정된 암(일부 림프종이나 비만세포종 등)은 포함되지 않았다. 따라서 조사 방법에 따라 상위 5개 순위가 바뀔 가능성도 있다.

유선종양 2cm 미만의 조기 발견·조기 치료가 관건

생기는 곳은… **유선**

어떤 병인가?

고양이 유선의 혹은
약 80퍼센트가 유선종양

모유를 분비하는 조직, 유선에 생기는 악성종양. 고양이는 겨드랑이 아래부터 뒷다리가 시작되는 부분까지 좌우 네 개씩, 총 여덟 개의 유선이 있다. 종양은 그중 어느 한 곳에서 생기거나 동시에 여러

개가 발견되기도 한다. 고양이의 유선에 생긴 혹은 약 80퍼센트가 악성종양이다 (**그림1**). 또한 양성으로 진단되어도 그 혹이 나중에 악성으로 변하는 일도 적지 않으므로 고양이의 유선에 난 혹은 주의해야 한다.

또한 고양이의 유선종양은 림프절이나 폐로 전이되거나 진행되면 종양이 자괴 (찢어져 궤양 상태가 됨)하기도 하는데 이때 예후는 좋지 않다.

그림1 병으로 사망한 고양이의 사인 TOP10

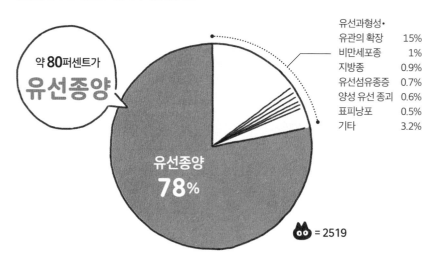

유선과형성·유관의 확장	15%
비만세포종	1%
지방종	0.9%
유선섬유종증	0.7%
양성 유선 종괴	0.6%
표피낭포	0.5%
기타	3.2%

약 80퍼센트가 **유선종양**

유선종양 **78%**

🐱 = 2519

출처: Veterinary Oncology No.8, Interzoo, 2015

종양의 직경이 2cm를 넘으면 생존 기간이 짧아진다

유선종양의 진행도는
①종양의 크기
②림프절 전이 유무
③기타 장기 전이 유무
를 지표로, 4단계로 나타낼 수 있다(표1).
고양이 유선에 생긴 혹은 악성인 경우가
많으며, 또한 유선종양의 직경이 2cm를
넘으면 기타 장기 전이율이 높아짐에 따
라 생존 기간이 짧아진다는 것을 알 수 있
다(단, 작아도 전이를 일으키는 유선종양
도 있다). 종양이 2cm 미만일 때 발견되어
초기 전이가 없고 치료가 신속하게 이루
어진다면 오래 살 가능성이 있다.
한편, 3cm를 넘으면 전이율도 높고 근치
(완전히 낫는 것)도 어려워진다.

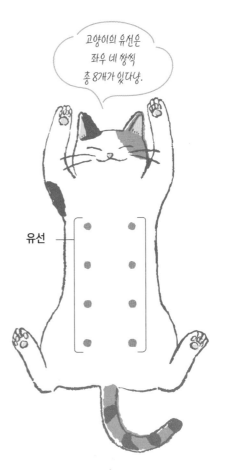

고양이의 유선은
좌우 네 쌍씩
총 8개가 있다냥.

유선

표1 고양이 유선종양의 진행도를 나타내는 4단계

	종양 크기	림프절 전이	기타 장기 전이
1	2cm 미만	없음	없음
2	2~3cm	없음	없음
3	3cm보다 크다	없음	없음
	크기 상관없이	있음	없음
4	크기 상관없이	있음/없음	둘 다 있음

출처: McNeill C, J Vet Intern Med, 2009.

99%는 암컷에게서 발생, 가장 많은 것은 12세 전후

유선종양은 99%가 암컷에게서 발생하지만 드물게 수컷이 걸리기도 한다. 일반적으로는 중고령의 고양이에게서 발생하는 경우가 많으며, 일본에서 이 암에 가장 많이 걸리는 나이는 12세라는 보고가 있다.

1세 전 중성화수술로 유선종양 발생률 저하

유선종양은 호르몬 균형이 영향을 주기 때문에 이른 시기에 중성화수술을 하면 유선종양 발생률이 낮아진다. 생후 6개월 이내 중성화수술 시 유선종양 발생률은 91% 저하되며, 1세 이전 중성화수술 시에는 86% 저하된다. 하지만 2세 이상부터는 중성화수술이 유선종양 발생을 억제하는 효과는 사라진다(그림2).

유선종양에 걸린 고양이의 증례

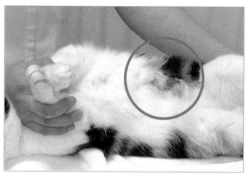

유두 주변이 빨갛게 부어오르고 일부는 스스로 핥아서 궤양화되었다.

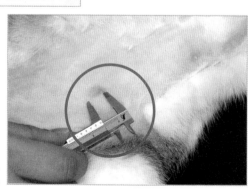

비교적 작은 1.2×0.4cm 크기의 혹. 이 정도 크기여도 유선종양이다.

그림2 중성화수술 시기와 유선종양 발생 저하율

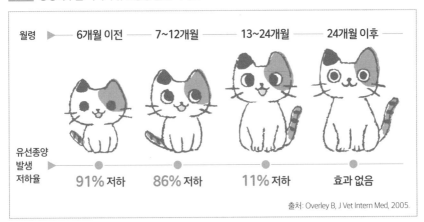

월령 ▶	6개월 이전	7~12개월	13~24개월	24개월 이후
유선종양 발생 저하율 ▶	**91%** 저하	**86%** 저하	**11%** 저하	효과 없음

출처: Overley B, J Vet Intern Med, 2005.

평소 스킨십을 통해
2cm 미만일 때 발견하자

1세 이전 중성화수술 시 일정한 예방 효과는 있지만, 수술해도 유선종양이 발생하는 경우도 있기에 완벽한 예방법은 없다. 따라서 무엇보다 중요한 것은 조기에 발견하여 치료하는 것. 반려인이 고양이의 유선을 정기적으로 확인하는 것이 조기 발견으로 이어진다.

혹을 발견했다면 '조금 더 커질 때까지 상황을 지켜보자'는 생각은 금물이다. 2cm 미만의 크기일 때 발견하는지 여부가 이후 생존 기간에 영향을 준다. 작은 혹이라도 임의로 판단하지 말고 발견하면 곧바로 동물병원에서 검사받자.

▶ 유선종양 확인 마사지 방법은 40쪽에

유선종양에는 다양한 형태가 있다

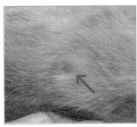

동그란 것

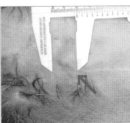

평평한 것

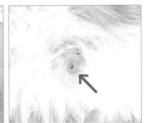

털에 파묻힌 것

유선종양 확인 마사지

적어도 월 1회 고양이와 스킨십하면서 확인하자.

시작 ⟶ ① 고양이를 두 무릎 사이에 위를 보게 하고 눕힌다. 위를 보게 하기 어렵다면 가슴부터 배를 충분히 만질 수 있는 자세라면 괜찮다.

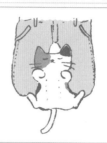

② 여덟 개의 젖꼭지 주변, 겨드랑이 아래부터 뒷다리가 시작되는 부분까지 넓은 범위를 확인한다.

③ 살짝 꼬집듯이 부드럽게 마사지한다. 장모종 고양이는 가슴이 털에 파묻혀 있기 때문에 찾으면서 진행한다.

고양이가 스트레스받지 않도록, 도중에 싫어한다면 다음 기회에.

④ 위에서 아래를 향해, 오른쪽, 왼쪽 빠짐없이 확인한다.

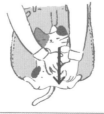

⟶ 끝

출처:캣 리본 운동 공식 사이트 https://catribbon.jp

40

그림3 재발과 전이를 막으려면 최소한 한쪽
유선 전부를 절제한다.

검사·진단법은?

우선은 세포 검사로
검사한다

종양이 양성인지 악성인지 확인하기 위
해 우선 세포 검사를 한다. 그 결과 유선
종양이라고 진단받았다면 추가로 혈액
검사, 소변검사, X선 검사, 초음파 검사,
림프절 세포 검사 등을 이용하여 전이
유무, 종양의 확산 등을 검사한다.

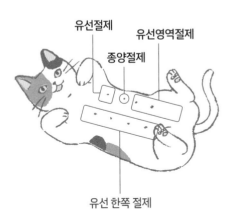

유선절제   유선영역절제
종양절제

유선 한쪽 절제

치료법은?

한쪽 유선 혹은 양쪽 유선을
절제하는 외과요법이 기본

고양이 유선종양 치료는 한쪽 유선(한
줄) 혹은 양쪽(두 줄)과 림프절을 모두
절제하는 수술이 기본이다. 고양이의 유
선은 림프관이라고 불리는 네트워크로
연결되어 있다. 종양이 존재하는 유선만
절제하는 유선절제나 유선영역절제
(그림3)로는 재발이나 전이 위험이 높아
근치가 어렵다. 또한 최근 연구에서 한쪽
유선 절제보다 양쪽 다 절제했을 때 생
존 기간이 길어질 가능성이 제기되었다.
'작은 혹 때문에 유선 전체를 제거할 정
도로 큰 수술을 하는 것은 불쌍해'라고
생각할지도 모른다. 하지만 일시적인 감
정만으로 판단하기보다는 수술 효과에
대해 자세한 지식을 갖고 결정하자.

양쪽 유선을 절제한 고양이

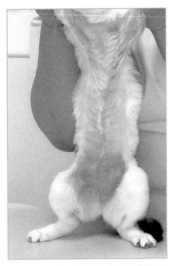

한 쪽씩 두 번에 걸쳐 양쪽 유선을 절제했고,
수술 후 항암요법을 실시했다.

수술 후에 보조적으로
항암요법을 실시하는 경우도

유선종양의 극초기 단계에서 전이 징후가 없는 경우, 외과 수술만으로도 장수하는 경우도 있다. 한편 이미 진행되고 있는 유선종양, 종양의 림프관 내 침습(암세포가 림프관에 들어가는 것)이나 림프관 전이가 있는 경우에는 수술 후에 항암요법(항암 작용이 있는 약제로 치료)을 추천한다. 또한 다양한 이유로 수술할 수 없는 경우에도 항암요법을 시행하는 경우가 있다.

유선종양의 **핵심**

🐾 고양이 유선의 혹은 약 80퍼센트가 악성종양.

🐾 한 살 전까지 중성화수술을 하면 대부분의 유선종양이 예방 가능.

🐾 정기적으로 유선을 점검해 작은 혹이라도 있다면 곧바로 병원 방문.

🐾 2cm 미만일 때 발견되는지가 생존 기간에 영향을 줌.

🐾 유선종양 수술은 유선 한쪽 혹은 양쪽 모두를 절제함.

캣 리본 운동

乳 が ん で 苦 し む 猫 を
ゼ ロ に す る 。

Cat Ribbon

유선종양은 고양이의 생명을 빼앗을 수도 있는 병이지만, 그 존재나 위험성은 아직 충분히 알려지지 않았다.

그래서 일본 수의임상종양학의 발전을 목표로 하는 수의사 모임 'JVCOG(일반사단법인 일본수의암임상연구그룹)'가 2019년 9월에 만든 것이 유선종양으로 고통받는 고양이가 한 마리도 없도록 하는 프로젝트 '캣 리본 운동'이다.

병으로 고통받는 고양이를 조금이라도 구하기 위해, 고양이 반려인과 수의사 모두에게 올바른 지식, 조기 발견을 위한 유선종양 점검 마사지법, 치료법 등의 정보를 제공하고, 고양이의 유선종양에 관한 강연회나 무료 온라인 이벤트를 개최하고 있다.

이 활동을 널리 알리기 위해서 귀여운 핑크 리본과 발바닥이 디자인된 오리지널 핑크 배지를 기부 판매하고 있다옹.

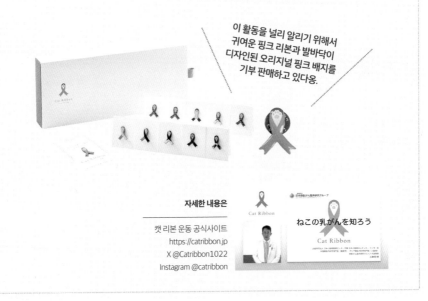

자세한 내용은

캣 리본 운동 공식사이트
https://catribbon.jp
X @Catribbon1022
Instagram @catribbon

림프종(림프육종, 악성림프종)
수많은 서브 타입이 있는 림프구 암

최근 생기기 쉬운 곳은… **소화관** **비강** 등

어떤 병인가?

몸 어디든 생길 수 있는 혈액세포암

림프종은 유선종양과 함께 고양이에게 많이 발생하는 악성종양 중 하나로, 혈액 세포암이다. 몸의 면역 체계를 담당하는 백혈구의 일종인 림프구가 종양이 되는 것으로 몸 어디든 발생할 가능성이 있다. 림프종 대부분은 몸속에 생기지만 몸 표면인 림프절에 발생하는 유형의 림프종은 체표 림프절(**그림1**)이 붓는 증상이 나타난다.

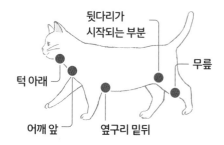

그림1 고양이의 체표 림프절 위치

뒷다리가 시작되는 부분

무릎

턱 아래

어깨 앞

옆구리 밑뒤

고양이 림프종의 분류법은 주로 세 가지

● **림프종 발생 부위에 따른 분류** **표1**
  소화기형, 비강형 등
● **세포 형태에 따른 분류** **표2**
  대세포성, 소세포성, 대형과립림프구성 림프종 등
● **림프구의 종류에 따른 분류** **표3**
  T세포성, B세포성 등

발생 부위 등의 분류로 악성도나 치료법이 다르다

같은 '림프종'이라 해도 다양한 유형이 있다. 어떤 유형의 림프종인가에 따라 검사 방법, 악성도, 예후, 치료법이 크게 달라지므로 이들 분류(45~46쪽, **표1** ~ **표3**)는 무척 중요하다.

오래 살 수 있는 유형의 림프종도 있다

일반적으로 림프종은 치료하지 않으면 급속도로 병이 진행되어 여명이 짧아진다고 알려져 있다. 하지만 개중에는 진행이 느려서 치료하면 오래 살 수 있는 유형의 림프종(일부 소세포성 림프종→47쪽 등)도 있다. 적절히 치료하기 위해서도 검사로 정확히 진단하는 것이 중요하다.

고양이 림프종 분류법 (표1 ~ 표3)

표1 림프종의 발생 부위에 따른 주요 분류

분류명	발생 부위	병의 사인·특징	연령의 중앙값	고양이 백혈병 바이러스(FeLV) 양성률
소화기형	위나 장, 공장 림프절 등	구토, 설사, 식욕부진, 체중 감소 등 ※최근 고양이 림프종 중 가장 많은 유형→46쪽	10~13세	거의 없음
종격동형	심장 앞쪽에 있는 종격림프절, 가슴 안쪽	호흡곤란, 개구호흡, 기침, 체중 감소, 기력 없음, 구토, 흉수가 고임 등	2~4세	높음
다중심형	전신의 림프절	몸 표면의 림프절이 부음. 증상이 없는 경우도 많다. ※개에게 가장 많은 유형이지만 고양이에서는 적은 유형	3~4세	중간~높음
신장형	신장	체중 감소, 식욕부진, 다음 다뇨, 탈수 등	9세	낮음
척수형	척수	뒷다리 마비 등	4~10세	낮음
비강형	비강	비강 내 콧물, 호흡음이 커진다. 코피, 안면 변형 등 ※최근에는 소화기형 다음으로 많은 유형 →48쪽	9~10세	낮음

표2 세포의 형태에 따른 분류

분류명	악성도·특징	별명
대~중 세포성 림프종	일반적으로 악성도가 높다. 보통 급속히 진행되며 장기 생존이 어려운 경우가 많다.	고등급 림프종 or 저분화형 림프종
소~중 세포성 림프종	일반적으로 악성도가 낮다. 보통 진행이 느리며 치료를 통해 장기 생존이 가능한 경우도 많다.	저등급 림프종 or 고분화형 림프종
대형과립림프구성 림프종	악성도가 높고 장기 생존이 어려운 경우가 많다. 세포질에 특수한 과립(아주르)를 가지고 있다. 소화기에 많이 발생한다.	LGL림프종

표3 림프구의 종류에 따른 분류

분류명
T세포성 림프종
B세포성 림프종

림프종과 고양이 백혈병바이러스의 관계

암은 일반적으로 고령의 고양이가 많이 걸리는 병이지만, 고양이 림프종은 고양이 백혈병바이러스(FeLV) 감염증과 밀접한 관계가 있기에 어린 고양이가 쉽게 걸리는 유형도 있다.

고양이 림프종 전체에서 보면 예전에는 고양이 백혈병바이러스 양성인 어린 고양이가 걸리기 쉬운 종격형이나 다중심형 비율이 높았지만, 최근 실내 사육이나 백신의 보급 등으로 고양이 백혈병바이러스의 감염율이 낮아졌다. 현재는 고양이 백혈병바이러스와는 상관없이 발생하는 소화기형과 비강형 림프종의 비율이 늘고 있다(47쪽 그림1).

● 소화기형 림프종
소화기에 문제를 일으키는 최근 가장 많은 림프종

위, 소장, 대장 등 소화관에 발생하는 종양. 고양이 림프종에서 최근 가장 많이 보이는 유형이다. 고령묘에게서 자주 보이며, 고양이 백혈병바이러스 음성인 고양이에게 많은 것이 특징으로, 발생하면 구토, 설사, 체중 감소 등 소화기 문제를 일으킨다.

소화기형 림프종은 세포의 형태에 따라 주로 세 가지로 분류된다(46쪽 표2).

그림1 **고양이 림프종이 생기기 쉬운 부위는 변화하고 있다.**

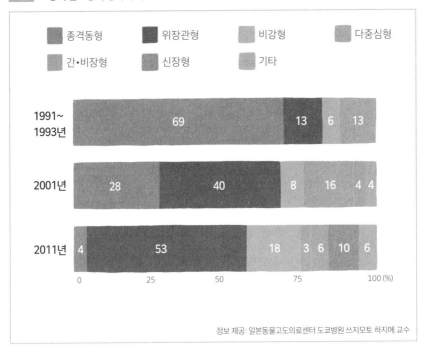

- 종격동형
- 위장관형
- 비강형
- 다중심형
- 간·비장형
- 신장형
- 기타

| | 종격동형 | 위장관형 | 비강형 | 다중심형 | 간·비장형 | 신장형 | 기타 |

1991~
1993년: 69 / 13 / 6 / 13

2001년: 28 / 40 / 8 / 16 / 4 / 4

2011년: 4 / 53 / 18 / 3 / 6 / 10 / 6

0   25   50   75   100 (%)

정보 제공·일본동물고도의료센터 도쿄병원 쓰지모토 하지메 교수

그중에서도 소세포성 림프종은 진행이 느리고 악성도가 낮아 치료하면 장수도 가능한 것으로 알려졌다. 단, 소세포성 림프종은 만성 장염과 매우 비슷하므로 내시경검사나 경우에 따라 개복생검(모두 전신마취가 필요)에 의한 확정 진단(병리조직검사)이 필요하다.

그 외 소화기형 림프종은 급속도로 진행되며 장기 생존이 어려운 경우가 많은 대세포성 림프종, 세포가 특수하여 치료가 어려운 대형과립림프구성(LGL) 림프종도 발생한다. 모두 치료법은 다르다.

소화기형 림프종을 극복한 고양이

11세(수컷·중성화수술 완료) 때 대~중세포성 림프종이 발병한 고바야시 데쓰야 선생님의 반려묘 와니. 외과요법과 항암요법을 병용했으며 항암요법을 중지한 후에도 8년 이상 건강하게 살다가 22세까지 장수했다.

● 비강형 림프종
소화기형에 이어 많은 림프종

코 안쪽에 생기는 종양이다. 고양이 코 질환으로는 만성비염, 선암, 폴립 등도 있지만 비강형 림프종은 콧물이나 호흡곤란, 코피 등이 발생하고, 림프종에 의해 코뼈가 부러져 안면이 변형되기도 한다. 비교적 고령의 고양이에게서 잘 발병하므로, 고령묘인데 콧물이나 코피가 나거나 코를 골거나 숨쉬기를 어려워하는 것 같다면 림프종 가능성도 의심한다.

비강형 림프종은 대부분 중~대세포성으로 항암요법이나 방사선요법, 혹은 둘을 병용하여 치료한다.

감염증이나 간접흡연이
관련 있을 수도

림프종이 많이 발병하는 연령대는 크게 두 가지다. 하나는 평균 3세의 어린 고양이(고양이 백혈병바이러스 양성이 많음), 또 하나는 평균 13세의 고령묘(고양이 백혈병바이러스 음성인 고양이가 많음)이다.

또한 고양이 면역부전바이러스(FIV. 통칭 '고양이 에이즈')에 감염되면 림프종 발생률이 5배 상승한다는 보고도 있으므로, 이 바이러스도 림프종 발생과 큰 관련이 있다.

비강 림프종이 생긴 고양이

비강 림프종은 코가 부어 얼굴이 변형되기도
(왼쪽 조금 위가 부어 있다).

그 외에 흡연에 의한 위험성도 보고되었다. 반려인 가족 중에 흡연자가 있으면 림프종 발생률은 2.4배 상승, 또한 흡연 기간이 5년 이상이면 발생 위험은 3.2배 상승한다는 데이터가 있다.

구토나 설사, 체중 감소로 림프종이 발견되기도

림프종을 완전히 예방하기는 어렵지만, 고양이 백혈병바이러스가 영향을 끼친 유형의 림프종은 바이러스 감염을 막는 것이 림프종 예방으로 이어진다. 또한 고양이 면역부전바이러스도 림프종의 발생과 관련 있다는 것이 밝혀졌으므로, 이들 바이러스 양성인 고양이와 긴밀한 접촉을 하지 않도록 하는 것이 최대의 대책이다.

고양이 림프종 대부분은 보이지 않는 곳에 생기기 때문에 림프절 부종이나 외견 변화로 반려인이 발견하기는 어렵다. 구토나 설사, 식욕부진이나 체중 감소 등의 증상으로 진찰을 받다가 림프종이 발견되는 경우도 많기 때문에 고양이가 이상 증세를 보인다면 주저 없이 동물병원으로 데려가자.

부위나 유형에 따라 검사 방법은 다르다

일부 림프종은 세포 검사로 진단할 수 있지만, 소세포성 림프종 등 수술로 떼어낸 조직에 대한 병리조직검사가 필요하다. 나아가 종양의 확산, 다른 림프절로 전이 등을 알아보기 위해 X선 검사, 초음파 검사 등을 하는 경우도 있다.

또한 소화기에 발생하는 소세포성 림프종이 의심되는 경우에는 만성장염과 매우 흡사하기 때문에 내시경 검사나 개복 생검 진단이 필요하다. 그 외에도 비강형 림프종은 두부CT 검사, 척수형 림프종은 MRI검사가 필요한데, 이렇듯 부위에 따라 검사 방법도 달라진다.

치료법은?

약물에 의한 항암 치료가
최선의 선택

림프종은 혈액세포암으로 진단 시 이미 전신에 퍼져 있는 경우도 많으므로, 국소 치료인 외과 수술이 아닌 항암요법(76쪽~)을 통한 전신치료가 최선의 선택이다. 일반적으로 림프종은 항암약물이 비교적 잘 듣는 암으로도 알려져 있다. 약은 단독으로 쓰기도 하고 **프로토콜**(76쪽)이라 불리는, 약물을 조합하는 레시피에 따라 사용함으로써 관해(병의 증상이 억제된 상태)를 목표로 한다.

또한 림프종은 체중 유지가 예후에 영향을 주는 것으로 알려져 있다. 치료 중에 체중이 줄지 않도록 영양 보충에 만전을 기하는 것도 중요하다.

림프종의
항암요법에 사용되는 약물의 예

※약물에 대한 자세한 내용은 76~79쪽을 참조하기 바란다. 지병이 있는 경우 등 적용되지 않을 수도 있다.

- 소세포성 림프종은 클로람부실※1과 프레드니솔론(스테로이드제)
- 대세포성 림프종은 보통 가장 먼저 L-COP (엘-아스파라기나제+COP) 혹은 L-CHOP라는 프로토콜이 사용된다.
- 긴급 프로토콜로서 로무스틴※1 등이 사용되기도 한다.

※ 1 일본 미발매. 동물병원에서 취급하는 것은 수의사가 개인 수입한 경우에만 해당.

비강 림프종은
방사선요법과 병용하기도

비강형 림프종에 방사선요법이 유효한 경우가 있다. 예전에는 방사선요법 단독으로 치료되기도 했지만, 최근에는 항암요법 단독, 방사선요법과 항암요법을 조합한 치료가 주류다.

▶ 방사선요법은 82쪽에 자세히 설명

비강 림프종 항암요법 치료 과정

초진 시

한쪽 코에서 코피가 나서 진료를 받았다. 항암요법만 시행했다. 오른쪽 눈 위가 조금 부어 있었지만, 치료 시작 약 한 달 후에 얼굴 형태가 원래대로 돌아왔다.

항암요법 시작 약 한 달 후

림프종의 **핵심**

🐾 림프종에는 수많은 유형이 있으며 유형에 따라 악성도와 치료법이 다르다.

🐾 젊은 고양이에게 림프종이 발생했다면 고양이 백혈병바이러스와 관련 있는 경우가 많다.

🐾 소화기에 발생하는 소세포성 림프종은 치료에 따라 연 단위의 장기 생존이 가능한 경우도 있다.

🐾 치료에는 항암요법이 최선의 선택이다.

🐾 림프종 치료 중에는 체중 유지가 무척 중요하다.

비만세포종 피부형과, 주로 비장에 생기는 내장형

생기는 곳은… 머리, 목, 귓바퀴, 다리 등의 　피부　　비장　

어떤 병일까?

피부형과 내장형의 경과가 전혀 다르다

비만세포종이라고 하면 '뚱뚱한 고양이가 걸리는 암'이라고 연상할지도 모르지만, 고양이의 체형과는 관련이 없다. 비만세포란 알레르기나 염증 반응에 관여하는 세포로 히스타민이나 헤파린 등 화학 물질의 과립(작은 입자)을 많이 포함한다. 이 과립이 들어 있는 세포의 모습이 팽창되어 있어 비만을 연상시키기에 이러한 이름이 붙었다.

비만세포종은 비만세포가 종양화한 것으로, 피부에 생기는 **피부형**과 내장(특히 비장)에 생기는 **내장형**으로 나뉜다. 같은 비만세포종이라도 병의 경과가 전혀 다르다.

● **피부형 비만세포종**

고양이 피부에 생기는 암으로 가장 많고 대부분 근치가 가능하다

고양이 피부에 생기는 암 중에서 가장 많은 것이 피부형 비만세포종이다 (그림1).

머리나 목, 귓바퀴, 다리 등에 많이 생기며 딱딱한 사마귀나 혹 같은 것이 생기는데, 피부형은 양성종양과 같은 경과를 보이는 것이 많으며, 치료하면 대부분 근치가 가능하다.

가렵거나, 염증을 일으키는 등 피부병으로 보이는 경우도 있으며 외견상으로는 종양인지 여부를 판단할 수 없는 경우도

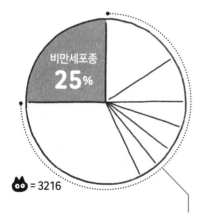

그림1 고양이의 피부·피하에 생기는 질환의 비율

비만세포종 **25%**

= 3216

섬유육종 16%
기저세포종
(털모세포종) 9%
림프종 5%

지방종·지방조직 5%
지방괴사·지방층염 4%
선암·암종 4%
기타 32%

출처: 노스랩 데이터베이스 2015

52

많다. 종양의 개수나 크기는 다양하며 한 곳에 생기는 고립성(단발성)이 있는가 하면, 여러 곳에 동시 발생하는 다발성도 있다. 또한 크기가 1~2mm로 매우 작아 털에 파묻힌 바람에 무척 찾기 어려운 것도 있다.

비만세포에 포함된 히스타민이나 헤파린은 물리적인 자극으로도 방출되며, 비만세포에서 과립이 다량으로 방출되면 종양 주변이 붉게 부어오르기도 한다. 혹 같은 것을 발견하면 가능한 한 자극을 주지 않도록 주무르거나 문지르지 않도록 하자.

다양한 피부형 비만세포종의 증례

귀	목	허벅지

귓바퀴에 생긴 비만세포종

한 곳에만 생기는 고립성 피부형 비만세포종. 목 부분에 사마귀 같은 혹이 생겼다.

허벅지에 생긴 고립성 피부형 비만세포종

여러 부위

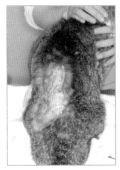

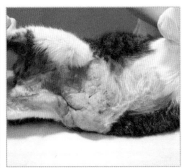

여러 부위에 발생한 다발성 피부형 비만세포종

다발성 피부형 비만세포종이 진행된 예

● 내장형 비만세포종
피부형에 비해 조기 발견과 치료가 어렵다

내장형은 비장(17쪽 참조: 혈액의 저장이나 면역에 관여하는, 위 옆에 있는 평평한 장기)에 많이 발생하며, 비장에 생기는 것을 비장형이라고도 부른다. 비장 이외에는 드물게 장관(소장 등)에 생기는 경우도 있다.

비장에 생기는 종양으로는 림프종 못지않게 많으며(그림2), 대부분이 진단 시 이미 다른 장기로 퍼져 있는 경우가 많다.

피부형처럼 외관상 잘 보이는 변화가 아니므로 조기 발견이 어렵지만, 활력을 잃었거나 식욕부진, 구토, 설사, 체중 감소를 일으키기도 한다. 또한 배에 물(복수)이 차거나 흉수가 차서 호흡곤란을 동반하기도 한다. 간이나 림프절 등 다른 장기로 퍼지거나 전이될 가능성이 있다.

비장형 비만세포종이 전이되어 피부에 다발하는 경우도

비장형 비만세포종은 진단 시에는 대부분 전신으로 퍼져 있다. 이 사진에 나온 고양이는 체표에 생긴 여러 개의 비만세포종의 원인을 찾다가 비장형 비만세포종을 발견하였다.

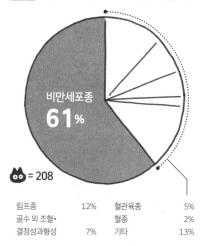

그림2 고양이의 비장에 생기는 질환 비율

비만세포종
61%

🐱 = 208

림프종	12%	혈관육종	5%
골수 외 조혈·결정성과형성	7%	혈종	2%
		기타	13%

출처: 노스랩 데이터베이스 2015

※이 그림은 병리조직검사로 진단받은 건수를 통해 얻은 데이터다. 림프종 중 일부는 세포 검사로 진단되기 때문에 실제 림프종의 발생 비율은 이보다 높아질 가능성이 있다.

잘 걸리는 고양이는?

고령묘가 걸리기 쉬우며 품종으로는 샴이 많다

발생 연령의 중앙값※은 피부형이 9세, 내장형이 14세로, 고령묘가 많이 걸린다. 피부형은 품종별로 샴이 발생률이 높은 것으로 밝혀졌다.

※ 중앙값=데이터(생존 기간)를 작은 순으로 나열했을 때 중앙에 오는 값.

피부의 작은 이상,
구토나 설사를 가볍게 보지 말자

원인을 확실히 알 수 없기에 예방은 어렵지만 조기 발견된다면 근치치료의 대상이 된다. 특히 피부형이라면 몽우리가 작아서 잘 못 보고 지나치기 쉬우므로 평소 고양이 몸을 만지면서 작은 몽우리나 혹이 없는지 점검하는 것이 중요하다. 또한 내장형 비만세포종은 구토, 설사 등과 같은 사인을 통해 발견되기도 한다. 체중 감소를 동반하는 구토나 설사를 한다면 언뜻 건강하게 보여도 서둘러 병원에 데려가도록 하자.

※ 역주 - 한국과는 다른 일본
수의학계의 사례로 참고

'인증의'와 '전문의'는
뭐가 다를까?

암 치료를 받을 때 동물병원에서 '인증의' '전문의'라는 말을 볼 때가 있다. 둘 다 종양 전문가라는 인상을 주지만 차이가 있다. '인증의'는 일본 내 수의료 분야의 각 학회가 인정하는 인정제도다. 암 분야에서는 일본암학회의 수의종양과 인증의제도가 있으며 필기 및 면접 시험(1종 혹은 2종)을 실시한다. 일반임상지식과 종양에 관한 전문지식을 겸비한 임상수의사가 되는 것을 목적으로 하며, 시험에 합격하여 인정받은 수의사는 '수의종양과 인증의'가 된다.

한편 '전문의'는 현 시점(2021년 9월 현재)에서는 전문진료가 발달한 서양이나 일본을 포함한 아시아에서도 시작되고 있는 '수의학 전문의'라는 제도의 자격이다. 전문 분야에 따라 고도의 지식을 지니며 레지던트(수련의)로서 수년간 경험을 쌓고, 난이도가 매우 높은 시험에 합격해야 한다. 2021년 현재 암 분야에서는 일본에 전문의 제도가 아직 보급되지 않았다. 따라서 전문가가 되려면 해외로 건너가 연수를 받아야 한다. 참고로 미국수의내과학전문의(종양학) 자격을 취득하여 일본에서 활동하는 암 전문의는 현 시점(※2021년)에서 두 명이다.

● 암 분야의 인증의와 전문의, 알기 쉽게 말하면… ●

인증의	전문의
종양에 특화된 임상수의사	종양만을 진료하는 전문가

세포에 특징이 있으므로 세포 검사로 진단 가능

비만세포종은 세포에 특징적인 과립이 있으므로 대부분 세포 검사로 진단 가능하다. 단, 세포만으로 판단이 되지 않는 경우 병리조직검사가 필요하다.

또한 비만세포종으로 진단된 경우, 전이 유무와 종양 확산을 알아보기 위해 림프절 세침검사(세포 검사)나 복부초음파검사 등 정밀검사를 실시하기도 한다.

피부형이든 내장형이든 외과수술이 최선

피부형, 내장형 모두 기본적으로 외과수술이 최선의 선택이다. 피부형에서 전이가 없을 때는 종양을 절제함으로써 근치가 기대되며, 대부분 양호한 경과를 보인다.

내장형에 많은 비장 비만세포종은 비장 적출 수술을 실시한다. 다른 장기에 전이가 되었더라도 원발(최초에 암이 발생한 부위)인 비장의 적출을 통해 비교적 장기간 생존할 수 있다는 사실이 밝혀졌다.

발끝에 생긴 비만세포종을 수술로 절제한 고양이

8세 때 피부형 비만세포종으로 진단된 싯포. 종양을 절제하고 15세인 현재도 재발하지 않고 건강하게 지내고 있다.

수술을 할 수 없을 때는 약으로 항암치료를 하기도

이미 넓은 부위에 전이가 되었거나 하는 이유로 외과수술이 최선의 선택이 아닌 비만세포종에 대해서는 항암요법을 실시하기도 한다. 또한 일부 비장형에서도 외과수술 후에 항암요법을 실시하는 경우가 있다.

비만세포종의 항암요법에 사용되는 약의 예시

※약의 자세한 내용은 76~79쪽을 참조하자. 지병이 있는 경우 등 적용되지 않는 경우도 있다.

• 프레드니솔론 등의 스테로이드제
• 빈블라스틴이나 로무스틴※1 등
• 토세라닙 등의 표적치료제

※ 1 일본 미발매. 동물병원에서 취급하는 것은 수위사가 개인 수입한 경우에만 해당.

비만세포종의 **핵심**

🐾 피부형이 대부분이며, 비장과 장관 등에 생기는 내장형도 있다.

🐾 전이가 없으면 피부형 대부분은 외과 수술로 근치 가능.

🐾 피부형에 생긴 몽우리는 피부병이나 사마귀와 비슷한 경우가 있다.

🐾 비장형 비만세포종은 다른 곳에 전이가 되었더라도 비장 적출을 통해 연명이 가능할 수도 있다.

🐾 일부 비장형은 수술 후에 항암요법을 실시하기도 한다.

편평상피암 입안에 생기는 암 중에 가장 많다

생기기 쉬운 부위는… **입안** **코** **귀** **눈꺼풀** 등

어떤 병인가?

구강에 생기는 유형은 치료가 어려운 암 중 하나

편평상피암은 피부나 점막을 구성하는 편평상피세포가 종양화한 악성 종양이다. 피부나 점막 어디든 생길 가능성이 있다.

고양이의 경우 귀 끝, 코, 눈꺼풀 등 안면 피부와 구강(입안)에 생기기 쉬우며, 구강에 생기는 종양 중에서는 가장 많은 암이다.

구강 편평상피암은 전이율은 그렇게 높지 않지만 침습성(주변으로 확산하는 성질)이 특히 강하여 고양이 암 중에서 가장 치료가 어려운 것 중 하나다.

그림1 고양이 구강에 발생하는 종양의 비율

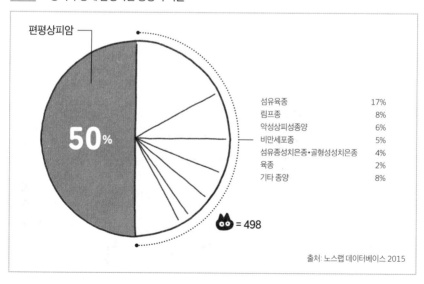

섬유육종	17%
림프종	8%
악성상피성종양	6%
비만세포종	5%
섬유종성치은종·골형성성치은종	4%
육종	2%
기타 종양	8%

🐱 = 498

출처: 노스랩 데이터베이스 2015

● 피부 편평상피암
딱지 같은 것이 생기고는 계속 낫지 않는다

흰 고양이의 귀끝 등 색소가 옅은 부분에 자주 생긴다. 귀에 생긴 편평상피암은 진행되면 귀 끝이 떨어져나가기도 한다. 그 외에도 코 표면이나 눈꺼풀 등의 피부가 얇은 부분에 생기며, 거칠거칠하거나 딱지 같은 것이 생기기도 한다. 피부염과도 비슷하지만 계속 낫지 않는 것이 특징이다. 점차 짓무르거나 패이기 시작해서 이상하다 싶어서 병원에 가면 편평상피암이라고 진단받기도 한다.

피부 편평상피암이 생기기 쉬운 부위

귀

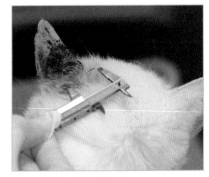

왼쪽 귓바퀴에 생긴 편평상피암

눈꺼풀

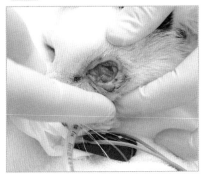

왼쪽 아래 눈꺼풀과 점막의 편평상피암

코 표면

초기 단계는 딱지 같은 상태로 생긴다.

짓무르기 시작한 진행기

● 구강 편평상피암
구내염과 비슷하지만 한 곳에만 생긴다

잇몸이나 치조점막, 혀나, 혀 아래, 입술이나 볼 점막 등에, 초기에는 구내염과 비슷한 병변이 생긴다. 이빨 주변에 생기는 것은, 초기에는 이빨이 흔들리는 증상이 나타나고 진행되면 짓물러서 진물이 흐르는 궤양으로 변하며, 출혈을 동반하기도 한다. 고양이 구내염은 좌우 대칭으로 궤양이 생기기 쉬운데 편평상피암은 한 곳에만 국한되어 생기는 것이 특징이다. 병이 진행됨에 따라 출혈이나 통증으로 먹는 것이 곤란해지고, 체중이 감소하기 시작한다.

또한 주로 하악골(아래 턱뼈)에서 발생한 하악골중심성 편평상피암은 하악골이 붓거나 변형되어서, 안면 형태가 좌우 비대칭으로 보이는 경우도 있다.

구강 편평상피암의 증례

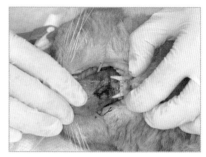

구강 점막에 생긴 편평상피암은 초기에는 구내염과 비슷한 경우도 있다.

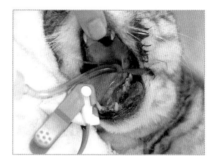

혀 아래~치조점막에 생긴 편평상피암. 강한 통증과 출혈이 동반된다.

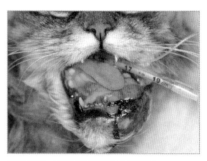

턱에 생기는 하악골중심성 편평상피암은 뼈에서 생겨서 하악골을 변형시킨다.

구강 내에 생기는 유형 대부분은 고령묘에게 발병

피부 편평상피암은 장기간 태양 자외선을 쐬는 것이 영향을 미치는 것으로 보고 있다. 따라서 색소가 옅은, 햇볕 쬐기를 좋아하는 흰 털 고양이에게서 많은 경향이 있다.

한편, 구강 편평상피암의 발생연령 중앙값은 14세로, 털색이나 품종은 영향이 거의 없는 것으로 보고 있다. 미국에서는 참치 캔 등 캔사료를 먹는 고양이에게서 많이 발생한다는 보고도 있지만, 일본 국내에서 자세한 상황은 밝혀지지 않았다.

몽우리 같은 것을 발견한다면 병원에 가서 조기 치료를

편평상피암을 예방하기는 어렵지만, 빨리 발견하면 조기 치료가 가능하다.

얼굴 주변 피부에 잘 낫지 않는 딱지가 없는지, 평소에 잘 점검하자.

또한 구강 내에 생긴 것은 한눈에 종양인지 구내염인지를 판단하는 것이 어렵다. 악성이 아니더라도 입 속에 혹이 생기면 식욕부진으로 이어지므로 방치하지 말고 동물병원에 데려가자.

병리조직검사로 확정한다

세포 검사로 종양인지 아닌지를 검사하기도 하지만 보통은 조직 일부를 잘라내어 병리조직검사로 확정한다. 또한 뼈의 침습이나 전이가 없는지 검사하기 위해 X선이나 CT 검사 등 정밀 검사를 실시하기도 한다.

피부에 발생한 것은 외과수술이 최선의 선택

피부에 발생한 것은 전이나 주변 침습이 없으면 외과 수술로 완전히 절제하는 것이 최선이다. 안면에 생긴 편평상피암은 최근에는 전기화학요법(80쪽)이라는 치료법이 이용되기도 한다. 구강 내에 생긴 편평상피암은 수술 단독으로 근치하는 것은 매우 곤란하며 방사선요법과 병행하기도 하지만, 장기간의 연명은 어렵다(63쪽 칼럼 참조).

단, 편평상피암이 아래턱에 생겼을 때는 아래턱을 광범위하게 절제함으로써 연 단위의 연명이 가능해진 예도 보고되고 있다. 아래턱과 혀 전체를 절제하기 때문에 외형이 크게 바뀌고, 평생에 걸쳐 영양 튜브(92쪽~)가 필요한 등, 반려인의 정신적, 물리적인 부담도 커지지만 조금이라도 오래 살아주기를 바라는 마음에 부응할 수 있는 선택지 중 하나다.

보조적인 치료나 통증 완화에는 방사선요법

구강 편평상피암을 치료할 때는 수술 후 보조적인 치료나 단독 치료로 방사선요법을 실시하기도 한다. 또한 통증 완화를 목적으로 피부나 구강 편평상피암에 대해 완화적 방사선요법을 실시하기도 한다. 단, 다른 악성종양에 비해 고양이의 편평상피암에 대한 방사선요법의 효과는 적은 편이다.

▶ 방사선요법은 82쪽에 자세히 설명

표적치료제가 일부에서 효과를 보인다는 보고도

고양이의 편평상피암은 항암요법이 효과가 적기 때문에 보통 일반적인 항암요법 단독으로는 치료하지 않는다.

단, 표적치료제인 토세라닙(77쪽)이 고양이의 구강 편평상피암의 일부에 효과를 보일 가능성이 최근 보고되고 있다.

아래턱 편평상피암은 아래턱을 전적출함으로써 연명이 가능한 경우도 있다

자력으로 식사를 할 수 없기에 위루관(92쪽)으로 영양을 공급한다. 혀가 없어지고 입을 벌린 상태이기 때문에 입안 건조 방지나 오염 관리를 위해 매일 규칙적으로 돌봐야 한다.

12세 때 아래턱 전적출수술을 받은 캬라. 수술 후 17개월을 살았다.

편평상피암의 항암요법에 사용되는 약물의 예

※약의 자세한 내용은 76~79쪽을 참조하자. 지병이 있을 시 등 적용되지 않는 경우도 있다.

- 표적치료제인 토세라닙 단독, 혹은 토세라닙과 비스테로이드성 소염제(약칭: NSAIDs→87쪽)인 멜록시캄을 병용

편평상피암의 **핵심**

- 입안에 생기는 종양 중 가장 많다.
- 초기에는 구내염과 비슷해서 잘 구별하지 못하는 경우가 있다.
- 피부에 생기는 유형은 흰색 털을 지닌 고양이에게 많다.
- 얼굴의 딱지가 좀처럼 낫지 않으면 편평상피암을 의심해 본다.
- 아래턱에 생겼다면 아래턱 전절제로 장기 생존이 가능할 수도 있다.

구강 편평상피암은
완화치료가 중요

구강 편평상피암은 악성도가 높아서 발견했을 때는 이미 암이 진행되었거나, 절제할 수 없는 부위이거나, 다양한 이유로 수술을 포기해야만 하는 경우도 많다. 그때는 적극적인 치료가 아닌, 다음과 같은 완화치료를 실시한다.

▶ 완화치료는 86쪽에서 자세히 설명

● 통증의 완화

특히 구강 편평상피암의 완화치료에서 중요하다. 암으로 인한 통증을 완화하기 위한 진통제를 투약한다. 일반적인 진통제는 비스테로이드성 소염제(NSAIDs: Non-Steroidal Anti-Inflammatory Drugs)지만 모르핀을 쓰기도 한다.

● 출혈 케어

암이 진행되면 종양이 터지거나 궤양이 되어 출혈이 있을 수 있다. 고양이가 스스로 환부를 긁지 않도록 넥카라를 씌우거나 털이 더러워지지 않도록 환묘복을 입히는 등 증상에 맞춰 돌봐야 한다.

주사부위육종 주사 부위에 발생하는 암

생기기 쉬운 부위는… **견갑골 사이** **뒷다리** **목** **엉덩이** 등 주사를 맞는 곳

어떤 병인가?

종양의 뿌리가 깊어 주변으로 잘 퍼진다

백신 접종 등 과거에 주사를 맞은 적 있는 부위에 생기는 악성종양(육종)의 임상진단명이다. 이전에는 '백신접종부위육종'이라고 불렸으나 백신 이외의 주사 약제로도 발생하는 것이 밝혀졌기에 현재는 '주사부위육종'이라고 불린다. 주사 후 종양이 생기기까지의 기간은 4주에서 10년으로 천차만별이기에 직전에

맞은 주사가 반드시 원인이라고 할 수는 없다.

주사를 맞은 부위에 염증이 일어나거나 딱딱한 몽우리가 생긴 후 점차 혹처럼 성장하여 거대해지기도 한다. 또한 표면상으로는 보이지 않지만, 종양 뿌리가 깊어 주변으로 잘 퍼지는 것이 특징이다 (**그림1**). 수술한다면 광범위하게 절제해야만 종양을 완전히 제거할 수 있고, 재발도 자주 하는 골치 아픈 병이다. 전이율은 그리 높지 않지만 폐나 림프절, 피부 등에 전이되기도 한다.

그림1 주사부위육종의 종양 뿌리

표면에서는 잘 보이지 않지만 뿌리가 깊고 주변으로 잘 퍼지는 것이 특징

주사부위육종이 생긴 고양이의 증례

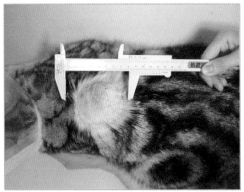

견갑골 사이에 생긴 주사부위육종

등에서 허리에 걸쳐 생긴 주사부위육종

주사부위육종이 거대화하여 산처럼 보이는 경우도

빈발하는 연령대는 약 8세, 발생 빈도는 높지 않다

진단 시 연령의 중앙값은 8세로, 미국에서는 백신 접종을 한 고양이 1만 마리 중 1~4마리에 주사부위육종이 생긴다는 데이터도 있다. 발생 빈도는 높지 않지만, 치료가 어려운 경우가 많아서 위험한 암이다. 무엇이 결정적 계기가 되어 발생하는지 등, 주사부위육종에 대해 밝혀지지 않은 점도 아직 많다.

발생 위험을 고려한 백신 접종 방법도

원인이 밝혀지지 않았기 때문에 완전히 예방하기 어렵다. 단, 미국을 중심으로 한 수의사 사이에서는 백신을 접종할 때 주사부위육종 예방이나 발생을 고려한 대책을 취하도록 되어 있다. 세계소동물수의사회(WSAVA)에서는 백신 접종 가이드라인에서 백신 접종 방법을 다음과 같이 장려하고 있다.

● 기존에 접종하던 부위인 견갑골 사이 대신, 주사부위육종이 되어 버렸을 때 광범위하게 절제하기 쉬운 부위를 택한다.

● 백신을 접종할 때마다 접종 부위를 바꾸고(한 부위에 한 종류), 진료 차트에 접종 부위를 기록한다.

● 백신(특히 아쥬반트※1를 포함한 제제)은 근육이 아닌 피하에 접종한다.

● 불필요한 백신 접종을 피한다.

※1 사백신의 효과를 높이기 위해 첨가되는 성분

주사부위육종을 예방하려면 불필요한 백신 접종을 피하는 것도 대책이 될 수 있다. 가령 완전 실내 사육으로 절대 바깥으로 나가지 않는 환경에서 고양이를 한 마리만 키운다면 고양이 백혈병바이러스 감염증 백신은 필요 없다. 또한 최근에는 백신을 매년 맞지 않아도 된다는 지침도 나오기 시작했다(67쪽 칼럼 참조).

주사부위육종의 위험성과
백신 접종의 이점, 어떻게 판단할까?

백신 접종 부위에 종양이 생길 가능성이 있다면 '백신은 맞지 않는 게 좋은가?' 하고 생각하고 싶을지도 모르지만, 필요 이상으로 백신을 두려워할 필요는 없다. 백신 접종으로 인해 육종이 생길 위험성과, 백신으로 감염증을 막을 수 있는 이점의 균형을 생각해야 한다.

백신의 접종 빈도는 고양이의 생활환경(완전 실내 사육인가, 동거묘가 있는가, 다른 고양이와의 접촉 기회가 있는가 등), 감염증의 유행 지역 여부 등의 조건에 따라 다르다. 현재 반려 중인 고양이에게 필요한 접종 빈도와 백신 종류는 다니는 동물병원과 상담하여 정하자.

참고로 세계소동물수의사회(WSAVA)나 전미고양이수의사협회(AAFP)의 백신 가이드라인에서는 새끼 고양이 때 접종한 이후에도, 성묘의 코어 백신(Core Vaccine: 고양이 범백혈구감소증, 고양이 칼리시바이러스 감염증, 고양이 바이러스성 비기관염의 3종 혼합백신)은 3년에 한 번씩 맞히는 것을 추천한다. (단, 완전 실내사육으로 한 마리만 있다면, 다른 고양이와의 접촉이 없는 위험성이 낮은 고양이로 정의한다).

이 외에도 생활환경이나 지역에 따라 논코어 백신(Noncore Vaccine: 고양이 백혈병바이러스 감염증, 고양이 면역부전바이러스 감염증 등)도 추가될 수 있다.

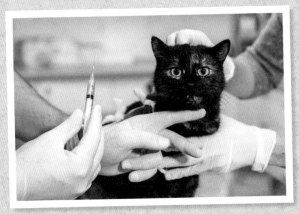

Created by prostooleh - Freepik.com

병리조직검사로 진단 후 종양의 확산을 알아본다

주사부위육종은 주사 접종 후에 일어나는 염증성 육아종(염증반응 중 하나로 암은 아니다)과 비슷하기 때문에, 생긴 염증이나 혹이 육아종인지 악성종양인지를 진단해야 한다. 세포 검사에서는 육아종과의 감별이 어려울 때도 있으므로 병리조직검사에 의한 진단이 원칙이다. 주사부위육종으로 진단됐을 경우 조영제를 이용한 CT 검사를 해서 종양이 어디까지 퍼져 있는지 알아보아야 한다. 그 검사 결과로 종양을 완전히 절제할 수 있는지를 판단하여 치료 계획을 세워나간다.

주사부위육종을 의심하는 세 가지 점검 포인트

백신 접종 후에 주사 맞은 부위가 부었을 경우 염증성 육아종이라면 보통 1~2개월 후 사라진다. 하지만 이하 세 가지 중 어느 것 하나라도 해당된다면 주사부위육종이 의심된다. 수의사 사이에서는 병리조직검사가 필요한 '3·2·1 법칙'이 제창되고 있다. 반려인도 주의하여 확인해 두도록 하자.

3·2·1 법칙

몽우리가 **3개월 이상** 지나도 없어지지 않는다.

몽우리의 직경이 **2cm** 이상이다.

1개월이 지나도 몽우리가 점점 커진다.

외과수술로 정상조직째로 광범위하게 절제한다

수술로 종양을 완전히 제거하는 것이 최선이다. 침습성이 높기에 수술할 때는 종양 주변의 정상조직째로 광범위하게 절제한다. 구체적으로는 종양 끝에서 수평 방향으로 5cm, 수직 방향으로 근층 2장을 포함한 수술 마진(74쪽)이 필요한 경우도 있다. 수술 마진의 확보는 주사부위육종의 치료 성패를 가르는 핵심이다.

수술만으로 완전 절제가 어려운 경우에는 방사선 치료나 항암치료를 겸한 집학적 치료를 하기도 한다.

수술의 보조적 역할로 방사선요법이나 화학치료도

수술 후 보조적 치료로서 방사선요법을 수술 전, 혹은 수술 후에 병행하여 시행하기도 한다. 또한 수술 후 악성도가 높은 주사부위육종이라는 사실을 알았을 경우 보조적인 항암요법제를 투여하기도 한다.

▶ 방사선요법은 82쪽에서 설명

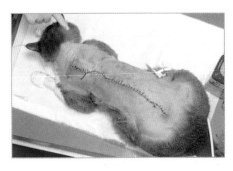

주사부위육종을 절제한 고양이
주사부위육종이 발병하여 외과 수술로 광범위하게 절제한 경우다.

주사부위육종의 **핵심**

🐾 주사 부위에 발생하는 육종의 임상 진단명이다.
🐾 초기에는 염증성 혹과 매우 흡사하다.
🐾 주사를 맞은 후 발병하기까지 시간이 걸린다.
🐾 종양이 퍼지기 쉽고 재발도 잦다.
🐾 수술로는 종양 이외의 부분도 포함하여 광범위하게 절제한다(재발 예방).

기타 암 고양이 폐-발가락 증후군(FLDS)

그다지 자주 발견되지는 않지만 증상이 무척 특징적인 암이다.

발가락 부종으로 폐암을 발견하기도

고양이 폐암이 온몸으로 전이되었을 때, 암세포가 사지의 발가락으로 전이되어 발가락이 붓기도 한다. 이들 일련의 증상을 '고양이 폐-발가락 증후군'이라고 부른다. 고양이가 발을 질질 끌거나 걷기 어려워하거나 발가락을 불편해하는 것을 반려인이 눈치채고 검사했다가 비로소 악성종양이 발견되기도 한다.

발가락 부종은 피부병이나 부상으로 생각하기 쉽지만, 고양이의 폐암이 발가락으로 전이되었을 때 나타나는 특징적인 병태이기도 하다는 사실을 알아 두자.

고양이 폐-발가락 증후군에 걸린 고양이의 증례

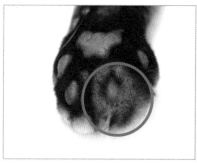
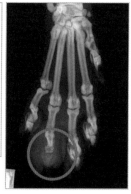

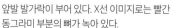
앞발 발가락이 부어 있다. X선 이미지로는 빨간 동그라미 부분의 뼈가 녹아 있다.

> ※ 이 외에도 다양한 고양이의 암이 있지만 암 치료법의 원칙은 같다. 이곳에서 설명하지 않은 암이라도 치료법에 관해서는 4장(71쪽 이후)의 내용을 참조하자.

고양이의
암 치료 알아보기

암 치료의 기본은 3대 치료법

근치치료의 세 가지 축-외과·항암·방사선요법

현재 암 치료에는 외과요법, 항암요법, 방사선치료 등 세 가지 대표적 방법이 있다(73쪽 **표1**). 이들 3대 치료법은 암 치료효과, 안전성에 관해 확인된 근치치료(30쪽)의 기본이다.

어떤 방법을 사용할지는 암의 종류, 암의 부위, 병의 진행도 등에 따라 다르지만 더욱 효과적인 치료를 위해 복수의 치료법을 조합하는 집학적 치료(**그림1**)를 하기도 한다.

또한 3대 치료법은 근치치료뿐 아니라 완화치료에도 이용된다.

▶ 완화치료는 86쪽 이후 자세히 설명

그림1 치료법을 조합하여 시행하는 집학적 치료

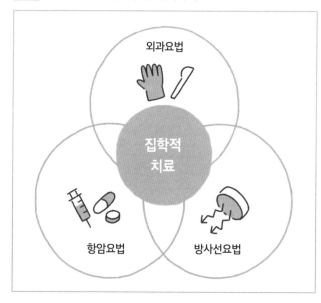

외과수술만으로 제거하기 어려운 경우 방사선을 조사(照射)하거나, 수술 후 항암요법을 시작하기도 한다. 복수의 치료법을 병용하는 집학적 치료로, 더욱 효율적으로 치료한다.

표1 암의 3대 치료법의 특징

요법	효과의 범위	장점	단점	치료 기간이나 횟수의 기준	비용 기준 ★~★★★
외과요법 수술을 통해 암 조직을 제거한다.	국소	•암 그 자체를 적출하므로 단기간에 효과를 볼 수 있다. •주로 고형암에 유효	•보통 전신마취가 필요 •합병증의 위험성이 있다. •광범위한 절제가 필요할 수 있다. •외형 변화나 몸이 기능 일부를 잃는 경우도 있다.	수술 시간은 종양의 크기에 따라 10분~한나절 정도	★★~★★★
항암요법 항암제 등으로 암세포의 증식을 억제하거나 암세포를 사멸시키기도 한다.	전신	•수술을 할 수 없는 전신성 암에도 유효 •전신마취할 필요가 없다.	•단독으로는 근치가 어렵다. •부작용의 위험성이 있다.	약물 프로토콜(76쪽)에 따라 수주~수개월 등	★~★★★
방사선요법 방사선을 통해 암세포를 사멸시킨다.	국소	•외과요법 단독으로는 근치가 어려운 암에도 효과적일 때가 있다. •사지 등 몸 일부나 기능을 온전히 보존할 수 있는 경우가 있다.	•조사 가능한 시설이 한정적이다. •조사할 때마다 전신마취를 해야 한다. •치료비가 비싸다. •부작용 위험성이 있다.	3~20회(1주~1개월) ※ 치료 계획에 따라 달라진다.	★★★

수술로 암을 제거하는 '외과요법'

고형암 근치치료의 최선의 선택

외과요법이란 수술을 통해 암 조직을 물리적으로 제거하는 근치치료의 핵심 방법이다. 조기의 고형암(덩어리를 만드는 유형의 암)이라면 수술만으로 근치가 가능하기도 하다. 국소(종양이 생긴 부위)치료이므로 림프종 등 전신성 암은 대상이 되지 않는다.

또한 근치치료가 어려운 경우에도, 통증을 억제해 증상을 완화하거나 몸의 기능을 개선해 삶의 질을 높이기 위한 완화치료의 일환으로 수술하는 경우도 있다.

알아 두자!
재발을 막기 위해 주변의 정상 조직도 절제

암의 종류에 따라 종양 뿌리(종양 다리라고도 부른다)가 깊고 주변으로 퍼지기 쉬운 것이 있다. 종양을 전부 제거하려면 종양 주변 정상 조직을 포함한 여유분까지 절제할 필요가 있다. 이렇게 여분으로 절제하는 조직을 수술 마진(절제면: surgical margin)이라고 한다(**그림1**).

고양이의 작은 몸에 크게 칼을 대는 것은 안쓰럽다고 생각할지도 모른다. 그러

나 수술할 때 종양이 남지 않도록 적절한 수술 마진을 잡는 것은 미래의 재발을 막기 위해 중요하게 고려해야 할 점이다.

그림1 종양을 완전히 제거하기 위한 수술 마진 정하는 법

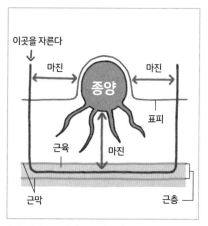

수술 마진은 종양의 종류에 따라서도 달라진다. 보통은 종양 덩어리로부터 좌우 2~3cm, 아래쪽은 근막 한 장분의 외과 마진을 정하는 것을 추천하지만, 주사부위육종은 종양의 다리가 길고 재발율도 높기 때문에 수평 방향으로 5cm, 수직 방향으로 두 장의 근층을 포함해야 한다(69쪽).

2차 진료를 받으려면
주치의의 의뢰가 필요하다

고양이가 몸이 안 좋을 때 우선은 평소 다니던 동물병원 주치의에게 진료를 받지만, 암과 같은 병은 고도의 검사와 치료가 필요한 경우가 많다. 그럴 때는 주치의와 연계된 대학병원이나 상급병원 등 등 2차 의료기관을 소개받아 전문적인 치료를 받게 된다. 일본의 경우, 반려인이 직접 2차 의료기관을 예약할 수는 없다.

또한 2차 의료기관에서 진료받은 후에도 정보를 공유하여 평소 다니는 동물병원에서 가능한 치료는 주치의가 하는 경우도 있다.

수의료 분야에서는 넓은 범위의 의료를 제공하는 1차 의료기관과, 전문적인 의료를 제공하는 2차 의료기관이 밀접하게 연계되어 각각 이점을 살리면서 치료에 임한다.

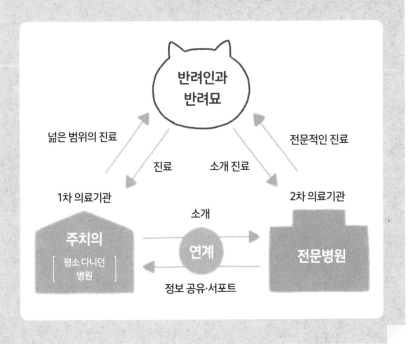

암세포를 약물로 공격하는 '항암요법'

약물을 효과적으로 조합하여 치료

항암요법이란 약물로 암세포를 사멸시키거나 암세포가 증식하는 것을 막는 치료법으로, 항암요법제(항암작용이 있는 약제)를 이용한다. 약물이 전신으로 퍼져 효과를 얻는데, 주로 림프종이나 백혈병 등 전신성 암에 사용된다. 외과요법과 방사선요법이 한정된 범위의 국소요법인 데 반해, 항암요법은 전신요법이다. 약물의 상승효과를 기대하며 여러 가지 약제를 조합해 투여하기도 한다. 효과적인 약물 조합, 투여하는 양, 횟수에는 기본적인 레시피가 있으며, 이를 적용한 투약 계획을 '프로토콜'이라고 부른다.

또한 림프종 등에서는 제1 선택 약물의 효과가 소실되었을 경우, 다른 약물을 조합한 '레스큐 프로토콜'을 실시하기도 한다.

암의 종류나 병의 진행도 등에 따라 어떤 프로토콜을 사용할지, 어떤 어레인지를 추가할지는 다양한 조건 하에 수의사가 고려한다. 치료의 일환으로 수술하는 경우도 있다.

고양이 림프종에 사용되는 항암요법 프로토콜의 예

COP프로토콜
- 시클로포스파미드
- 빈크리스틴
- 프레드니솔론 (스테로이드제)

CHOP프로토콜
- COP프로토콜
+
- 독소루비신

L-CHOP프로토콜
- 엘-아스파라기나제
+
- CHOP프로토콜

항암제는
작용 방법에 따라 나뉜다

현재, 개나 고양이 치료에 사용되는 항암제는 크게 나누어 세포독성항암제와 표적치료제가 있다(78쪽 **표1**).

● 세포독성항암제
암세포가 증식하는 시스템을
방해한다

세포독성항암제는 암세포가 증식하는 시스템을 방해해 억제하는 약물로 작용 시스템에 따라 여러 가지 약물이 있다. 암세포 외의 정상세포에도 영향을 주기 때문에 부작용이 생기기도 하지만, 증상에 맞는 약제를 처방함으로써 삶의 질이 극단적으로 떨어지는 것을 예방한다.

● 표적치료제
암세포의 특정 분자를 표적 삼아
공격한다

표적치료제는 암세포의 특정 분자(단백질 등)를 표적 삼아 공격하여 암세포가 증식하지 않게 하는 약이다(**그림1**). 일반적으로 정상세포에 미치는 영향이 적기 때문에 세포독성항암제와 비교하면 부작용이 적다.
고양이에게는 이매티닙과 토세라닙을

사용한다. 토세라닙은 2014년에 인가된 개 비만세포종 치료약인데, 고양이 비만세포종이나 전이성 유선종양 등의 치료에 사용되기도 한다. 다만 고양이에 대한 토세라닙의 임상 응용은 아직 역사가 짧아서, 현 시점에서는 효과나 부작용 등을 확실히 알 수 없는 점도 있다.

그림1 표적치료제는 암세포의 특정 분자만을 표적으로 삼는다.

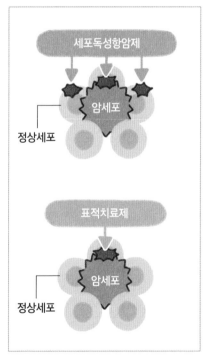

※ 세포독성항암제는 암세포 외의 정상적인 세포에도 영향을 미치지만, 표적치료제는 암세포의 특정 분자만을 표적으로 삼는다.

표1 고양이 암 치료에 사용하는 주요 항암제의 예

약물의 종류·작용	약물의 분류	약물의 일반명
세포독성항암제 세포분열을 저해해 암세포 증식을 억제한다.	알킬화제	• 시클로포스파미드 • 멜팔란 • 로무스틴※1 • 클로람부실※1 ※1 일본 미발매. 동물병원에서 취급하는 것은 　　수의사가 개인 수입한 경우에만 해당.
	백금제제	• 카보플라틴
	식물알칼로이드	• 빈크리스틴 • 빈블라스틴
	항종양성항생물질	• 독소루비신 • 미토산트론
	대사길항제	• 메토트렉세이트
	항악성종양효소제제	• 엘-아스파라기나제
표적치료제 특정 분자를 표적 공격하여 암세포 증식을 억제한다.	티로신인산화효소 저해약	• 이매티닙 • 토세라닙

알아 두자!

항암제의 부작용은 사람에 비해 심하지 않다

암의 치료약이라고 하면 부작용을 걱정할지도 모르지만, 고양이의 경우 사람의 '항암제' 하면 떠올리는 심한 구토나 털이 많이 빠지는 일은 별로 없다(독소루비신은 털 빠짐이 일어나는 경우도 있다).

고양이에게 일어나는 부작용은 골수 억제나 위장 독성이 대부분이다. 한편 약의 부작용이라고 생각했던 증상이 실은 암의 진행에 의한 것이었다는 일도 빈번하게 일어난다. 부작용을 극단적으로 두려워하기보다는, 약을 통해 얻을 수 있는 장점도 긍정적으로 생각하자.

고양이에게 일어나기 쉬운 항암제의 부작용

● 골수 억제

약의 영향으로 골수가 영향을 받아 혈액세포를 만드는 기능이 일시적으로 떨어진다. 특히 백혈구 중 하나인 호중구가 줄기 때문에 외부의 적으로부터 몸을 지키는 힘이 약해져서, 세균 침투로 힘이 없어지거나 열이 나는 경우가 가끔 있다.

● 위장 독성

식욕부진, 구토·설사 등이 일어나기도 한다. 최근에는 고양이와 궁합이 잘 맞는 구토 억제제(마로피턴트 등)가 개발되어, 구토는 잘 일어나지 않게 되었다. 한편 소화기형 림프종 등 일부 암에서는 약 부작용이 아니라 병의 진행 탓에 토하는 일도 적지 않다.

항암요법의 최근 화제

약제의 흡수를 높이는 전기화학요법

유럽에서 이전부터 사용되었고, 최근에는 미국에서도 도입되기 시작한 치료법 중 전기화학요법(ECT)이 있다. 전기 자극을 통해 항암제가 종양 세포 속으로 잘 흡수되도록 하는 항암요법의 일종이다. 고양이는 세포독성항암제인 블레오마이신을 이용하여 소량을 전신, 혹은 국소에 투여한다. 그 후 전신마취하고 암의 국소에 약 1000~1200V의 전기 펄스를 가한다. 그러면 보통은 세포막을 관통하기 어려운 항암제가 비약적으로 세포 안으로 침투하게 되어(블레오마이신은 약 700배), 암세포를 사멸시키는 시스템이다.

일본에서 이 치료를 실시하는 시설은 아직 극히 일부지만, 방사선 장치 같은 커다란 설비가 필요 없고 치료 비용도 절감되는, 앞으로가 기대되는 치료법 중 하나다.

고양이는 주사부위육종, 비만세포종, 피부·코·안면의 편평상피암 등에서 효과가 보고되고 있다.[1]

※1 전기화학요법과 관련한 논문 일람(개·고양이)
http://keh-vets.jp/services/ect_textbook.html

전기화학요법에 사용되는 기계

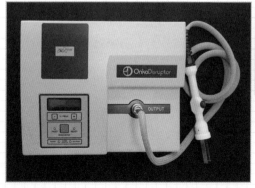

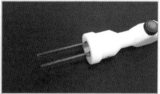

항암제를 투여한 후 프로브(오른쪽)를 암의 국소 부위에 대고 전기로 자극을 준다.

외과요법+전기화학요법으로 치료한 안검부 비만세포종 고양이

왼쪽 위 눈꺼풀에 비만세포종이 생겼다. 보통은 암을 완전히 제거하기 위해서는 안구와 위아래 눈꺼풀을 전절제해야 한다.

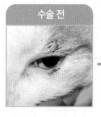
수술 전

수술 후 8개월째

안구를 온전히 보존한 수술 후 2주 후에 전기화학요법을 실시. 이는 수술 후 8개월째 사진인데 수술 후 1년 이상 경과해도 비만세포종 재발 징후는 없었다.

전기화학요법으로 치료한 코 표면의 편평상피암 고양이

코 표면의 평편상피암이 전이되어 입술까지 퍼진 상태. 보통 치료법으로는 안면이 변형되는 큰 수술과 약 한 달간의 방사선요법이 필요하다.

수술 전

수술 7개월 후

전기화학요법을 선택하여, 2~3주 간격으로 총 4번 실시. 치료 개시부터 7개월 후 일상생활에 지장이 없는 수준까지 회복했다.

면역요법은 제4의 치료법?

면역요법이란 몸이 원래부터 가지고 있는 면역력을 이용하여 암을 공격하는 치료법의 총칭이다. 최근 사람 의료에서도 암의 3대 치료법에 이어 제4의 치료법으로 인식되고 있다. 한편, 수의료 분야에서는 민간요법부터 진정한 면역치료가 될 수 있는 것까지 다양한 정보가 인터넷 등에 돌아다니고 있다. 하지만 3대 요법에 준할 정도의 효과나 안전성이 확인된 면역요법은 아쉽게도 고양이는 임상 응용되지 못하고 있으며, 현 시점(2021년 9월)에서 암 진행을 늦추거나 생존률을 높이는 효과가 과학적으로 증명되어, 치료법으로서 확립된 것은 없다.

사람 의료에서는 면역치료 약물로 면역관문억제제(Immune checkpoint inhibitor)※가 유명하며, 여러 치료법이 인가되어 있다. 고양이 면역관문억제제의 개발을 목표로 임상 시험이 진행되고 있지만 치료 적용은 아직 초기 단계다.

※역주-환자가 세균이나 바이러스에 감염되면 면역세포가 침입자에 대한 공격을 시작한다. 이때 암세포는 자신이 정상세포인 것처럼 가장해 면역세포의 공격을 피할 수 있는 '면역관문 단백질'을 만들어낸다. 면역관문억제제는 이 단백질을 억제함으로써 암세포에 대한 면역세포의 공격을 돕는다.

암세포를 근절시키는 '방사선요법'

수술이 어려운 뇌나 코, 심부의 치료가 가능하다

암 조직에 방사선을 수회~수십 회에 걸쳐 조사하여 암세포의 DNA에 상처를 주어 근절시키는 요법이다. 외과요법과 마찬가지로 국소적인 암 치료로 수술이 어려운 뇌나 콧속, 수술만으로는 다 제거할 수 없는 암 치료도 가능하다. 외과요법이나 항암요법과 병행하는 집학적 치료로 사용되기도 한다(그림1).

또한 완화적 방사선요법으로서 근치가 어려운 암의 통증을 완화하거나 삶의 질을 높이기 위해 조사하는 경우도 있다.

움직이지 않도록 마취로 보정이 필요

방사선요법은 통증을 느끼지 않고 심부의 암 치료가 가능하다는 큰 장점이 있지만, 정확히 조사하려면 고양이가 움직이지 않도록 전신마취를 해야 한다. 마취 심도(마취가 된 정도)가 얕고 단시간 마취하기는 하지만, 고양이가 반복적인 마취를 견딜 수 있는지 사전에 지병 유무를 확인하는 것이 중요하다.

방사선은 정상세포도 공격하므로 조사한 부위의 피부에 일시적으로 급성 부작용이 생기거나, 수년 후에 만성부작용(장기간의 잠복 기간을 거쳐 나오는 부작용)을 보이기도 한다. 치료할 때는 균일하게 방사선을 조사하고, 또한 되도록 부작용이 가볍게 지나가도록 CT 영상을 이용해 컴퓨터로 조사 계획을 세운다.

방사선요법을 받을 수 있는 동물병원은 한정적이다

방사선 장치는 규모가 크고 도입 비용이 비싸기 때문에 모든 동물병원에 있지는 않다. 대학병원이나 일부 2차 의료기관 외에 첨단 의료를 시행하는 동물병원에서 주로 갖추고 있다.

치료를 받을 때는 기본적으로 다니던 동물병원에서 방사선 조사를 시행하는 동물병원을 소개받게 된다(75쪽 칼럼 참조). 그 병원이 가까운 곳에 없다면, 멀리 통원하거나 방사선요법을 포기해야 할 수도 있다. 일반적으로 고양이는 장거리 이동을 좋아하지 않고, 암에 걸린 고양이는 몸도 힘겨운 상태다. 먼 곳에 있는 동물병원을 자주 가야 하는 것에 대한 고양이의 체력적 부담도 포함해서 수의사와 잘 상담하자.

그림1 외과요법과 방사선요법을 병행하여 더욱 효과적으로

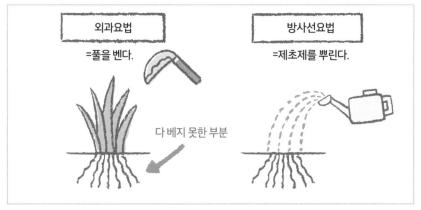

잡초 제거로 비유하자면 풀을 뽑고 나서도(=외과요법) 남은 뿌리 부분에 제초제를 뿌리는(=방사선요법) 방법을 모두 사용함으로써 더욱 효과적으로 잡초의 발생(=암의 재발)을 막는다.

또한 치료 계획에 따라 총 20회 가까이 매일 조사하는 경우도 있어서 치료비가 수십만~수백만 엔 이상이 들 수도 있다. 통원이나 입원의 물리적 부담과 경제적인 부담에 대한 각오가 필요하다.

방사선 장치의 성능에는 두 유형이 있다

수의료에서 사용되는 방사선 장치는 장치의 전압 크기에 따라 두 가지 유형이 있다. 고에너지(1000kV 이상)의 메가볼티지 장치와, 상전압(500kV 이하)인 오쏘볼티지 장치다.

🔴 메가볼티지 장치
방사선이 조직의 심부에 쉽게 도달한다

방사선은 전압이 클수록 먼 거리까지 조사할 수 있다. 따라서 메가볼티지 장치를 이용한 방사선요법은 조직의 심부까지 잘 도달하고 균일하게 조사하기 쉽다는 장점이 있다. 또한 피부 표면에 에너지가 집약되지 않기 때문에, 같은 선량을 조사했을 때 피부에 일어나는 부작용을 억제할 수 있다.

메가볼티지 장치는 현재 사람 방사선 치료 장치의 주류이기도 하며 치료 효과가 매우 높지만, 기기 도입에 수억 엔이라는 비용이 든다. 일본 전국으로 봐도 치료를 받을 수 있는 동물병원은 아직 한정적이다.

○ 오쏘볼티지 장치
보유하는 병원이 늘고 있다

메가볼티지 장치에 비하면 방사선 투과력이 약하고, 뼈에도 흡수되기 쉬워서 심부 조직까지 조사가 도달하기 어렵다는 단점이 있다. 그러나 오쏘볼티지 장치로 하는 방사선 조사는 수의료 분야에서 오랜 시간에 걸쳐 시행되어 왔으며, 체표 종양 등에서 효과를 발휘하기도 한다.
또한 메가볼티지 장치만큼 도입 비용이 들지 않아서 최근에는 보유한 동물병원도 늘고 있다.

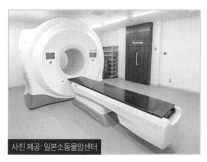

사진 제공·일본소동물암센터

회전 조사가 가능한 메가볼티지 장치

방사선 조사 중인 고양이

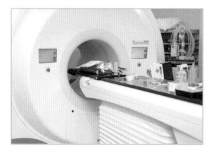

전신마취를 하고 방사선 조사를 받는다.

알아 두자!
근치 목적과 완화 목적은 서로 방사선 조사 계획이 다르다

방사선요법은 치료의 목적에 따라 조사 방법이 다르다(표1 그림2).

● 근치가 목적인 경우
1회당 방사선량을 낮추고, 많은 횟수로 나눠 조사한다. 정상세포에 대한 영향이 적고, 최대 효과를 장기간 얻을 수 있는 방법이다.
그 외에도 메가볼티지 장치는 정상 조직에 대한 영향을 최소한으로 억제한 '정위방사선치료(SRT)'라는 방법이 가능한 경우도 있다. 한 곳에 생긴 암에, 여러 방향에서 핀포인트로 방사선을 조사하는 방법으로, 종양의 크기와 부위 등 일정 조건을 만족하면 적은 조사 횟수로도 더욱 효과적으로 치료할 수 있다.

● 증상 완화가 목적인 경우
근치치료와 달리 완화 목적이라면 1회당 방사선량은 높이되, 적은 횟수로 조사한다. 통증을 완화하거나 암에 의해 생긴 기능 장애를 경감하기 위한 방법이다.

표1 치료 목적에 따라 달라지는 방사선 조사 방법

치료 목적	조사 방법	조사 횟수	빈도	기간	회당 방사선량
근치	근치적 방사선치료	12~20회	매일(월~금)	총 4주	적음
	정위방사선치료 (SRT)	1~5회	매일 혹은 격일	총 1주	매우 큼
완화	완화적 방사선치료	4~6회	주1~2회	총 3~4주	큼

그림2 방사선 조사 방법의 이미지

근치적
방사선치료

암세포의 근절을
목표로 한다.

약한 위력×많은 횟수의 조사

완화적
방사선치료

암세포의 증식을
일시적으로 억제하지만
증식이 재개될 가능성도

강한 위력×적은 횟수의 조사

※ 일러스트는 참고용입니다.

근치적 방사선치료에서는 위력이 약한 선량을 몇 번이고 반복적으로 가해 암세포의 근절을 목표로 한다. 완화적
방사선치료에서는 위력이 큰 선량으로 암세포를 일시적으로 억제한다. 단, 암세포의 증식이 일시적으로 멈추기만
할 뿐 잠깐의 시간이 지나면 다시 증식이 시작될 가능성이 있다.

암과 공존하는 완화치료

고통을 제거하고 삶의 질을 높인다

완화치료란 암과 공존하면서 삶의 질(QOL)을 향상하는 치료법으로 암과 적극적으로 싸우는 근치치료(72쪽~)가 어려울 때 등에 실시한다. 통증 완화, 영양 공급, 고통 완화라는 세 축이 있으며 (그림1), 반려인이 반려묘의 여생을 어떻게 보내게 하고 싶은지를 중요하게 고려한 후에 수의사와 계획을 상의한다.

또한 사람 의료에서 완화치료는 세계보건기구(WHO)에 의해 오른쪽과 같이 정의되어 있기에 병의 초기부터 완화치료가 요구되는데, 최근에는 수의료 분야에서도 근치치료의 이른 단계부터 완화치료를 도입하게 되었다(31쪽 그림2). '완화치료=임종을 맞이할 무렵 실시하는 말기 치료(터미널 케어)'라고 생각하기 쉽지만, 완화치료는 말기에만 실시하는 것이 아니다.

WHO의 '완화케어' 정의

"완화케어란 생명을 위협하는 병에 직면한 환자와 그 가족의 통증이나 기타 신체적, 심리적, 영적 문제를 조기 발견하고 적확히 평가하여 대응함으로써 고통을 예방하고 누그러뜨려 삶의 질(QOL)을 향상하는 접근법이다."

※일본완화의료학회 'WHO에 의한 완화케어의 정의(2002년)' 정식 번역

그림1 암과 공존하는 완화치료의 세 개의 축

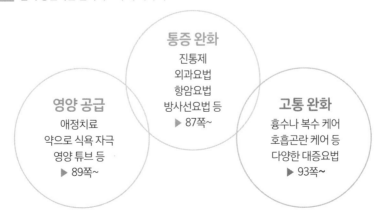

통증 완화
진통제
외과요법
항암요법
방사선요법 등
▶ 87쪽~

영양 공급
애정치료
약으로 식욕 자극
영양 튜브 등
▶ 89쪽~

고통 완화
흉수나 복수 케어
호흡곤란 케어 등
다양한 대증요법
▶ 93쪽~

① 통증 완화

조기 단계부터 통증을 완화한다

암 완화치료에서 가장 중요한 것이 통증 관리(통증 완화)다. 통증이 있으면 고양이는 식욕부진에 빠지거나 잠들기 힘들어져 체력을 소모하게 된다. 통증은 암의 원발병소(최초에 암이 발생한 부위), 혹은 암 전이병소(암이 전이된 부위)에서 발생하는 것이 대부분으로, 치료에 관련한 통증은 최소한으로 억제하는 것이 완화치료의 콘셉트다.

또한 통증은 개체에 따라 정도의 차이가 있기도 하고, 암이 생긴 장기나 부위 등에 따라서도 다르기도 하여 각양각색이다. 통증의 정도와 단계에 맞추어 조기부터 통증 관리를 하는 것이 고양이의 삶의 질 향상으로도 이어진다.

치료에는 진통제를 사용하는 외에도 통증 완화를 목적으로 한 외과요법, 항암요법, 방사선요법 등이 병행되기도 한다.

의료용 마약 등을 포함한 진통제로 통증 완화

고양이의 암에 의한 통증을 완화하는 진통제에는 마약성 진통제인 오피오이드, 비스테로이드성 소염제(NSAIDs) 등이 사용된다.

오피오이드에는 모르핀과 펜타닐 등이 있다. '모르핀'이라는 말을 들으면 마약 중독 등의 위험성으로 인해 무서운 이미지가 있을 수 있지만 오피오이드는 적절한 용량과 투여 간격으로 사용한다면 고양이와 궁합이 좋은 약물이다.

그중에서도 펜타닐에는 피부에 붙여 흡수시키는 유형의 약제(경피흡수형)가 있으며, 구강 편평상피암 등으로 목 뒤에 붙여서 통증을 완화할 수 있다(사진1).

비스테로이드성 소염제는 멜록시캄이나 로베나콕시브 등이 사용된다. 이 약물은 해열, 진통, 항염증 작용이 있는데, 고양이의 경우 장기간 사용하면 위장이나 신장 기능에 악영향을 주기도 한다. 특히 고령묘는 만성신장병을 앓고 있는 경우도 많으므로 주의해서 사용해야 한다.

사진1 목 뒤에 붙인 펜타닐 제제

피부를 통해 조금씩 체내에 흡수된다.

통증이나 출혈을 억제하기 위해 수술로 종양을 절제

진행되어 터진 유선종양이나 구강 편평상피암 등에서는 통증이나 출혈을 억제하기 위해 종양을 수술로 절제하기도 한다. 근본적인 치료는 아니지만 몸의 기능을 개선해 삶의 질을 높일 수 있다.

▶ 외과요법은 74쪽에서 자세히 설명

항암제로 통증이나 출혈을 없앤다

외과수술로 다 제거하지 못하는 종양이나 전이된 암의 경우, 통증이나 출혈을 없애기 위해 항암제를 사용하기도 하지만 적용하는 것은 비교적 드문 일이다.

▶ 항암요법은 76쪽에서 자세히 설명

통증이나 기능 장애를 줄이는 완화적 방사선요법

암세포를 근절시키기 위해서가 아니라 통증을 줄이거나 기능 장애를 경감하기 위해 방사선요법을 사용하기도 한다. 근치치료에 비해 회당 높은 방사선량을 주 1~2회 조사한다(85쪽 **표1**). 완화적 방사선요법의 효과는 크고, 외과 수술을 하기 어려운 곳에서도 가장 효율적으로 출혈이나 통증 등을 경감시킬 수 있다.

▶ 방사선요법은 82쪽에서 자세히 설명

의료용 마약을 다루는 동물병원은 한정적이다

모르핀, 펜타닐 등 의료용 마약을 사용하거나 관리하는 동물병원은 마약 허가를 취득해야 한다. 또한 법률에 따른 엄격한 규정이 있으며, 장부 기록, 자물쇠 있는 금고에 보관, 폐기 시 신고, 면허 갱신 등 관리의 부담이 있다. 따라서 다루는 동물병원은 한정적이다.

2 영양 공급

체중 감소를 막기 위해 영양 관리를 한다

암세포는 몸에서 에너지를 많이 빼앗기 때문에 근육량도 줄어든다. 따라서 암에 걸리면 고양이는 체중이 감소한다. 이를 막기 위해 암 진단을 받은 때부터 식사를 통해 칼로리를 제대로 섭취하여 영양을 관리하고 체중을 유지하는 것은 무척 중요하다. '영양 관리'라는 말을 들으면 식사의 질, 성분을 고려하여 몸에 좋은 사료를 찾는 반려인도 있지만 고양이의 암에 어떤 식사가 좋은지는 알 수 없다. 가장 중요한 것은 충분한 칼로리를 섭취하는 것. 질보다 양이다. 신장병, 심장병, 당뇨병 등 식이요법이 필요한 병을 함께 앓고 있지 않다면, 어떤 사료든 좋으니 고양이가 먹어 주는 것을 주도록 하자.

영양 관리 ❶
잘 먹어 주도록 궁리하는 '애정치료'

암에 걸린 고양이는 식욕부진에 빠지는 경우가 많다. 그럴 때 반려인이 우선 집에서 할 수 있는 일은 잘 먹어 주도록 궁리하는 것이다. 가령 습식 사료를 차갑게 주기보다는 체온 정도로 전자레인지에 데워서 향을 풍부하게 하면 잘 먹기도 한다. 신선한 가쓰오부시를 아주 조금만 뿌려 주어도 상관없다.

또, 입까지 손으로 갖다주거나 먹기 쉽도록 봉긋하게 담아 주는 등 아주 작은 노력으로 먹기 시작할 수도 있다. 어떻게 하면 먹어 주는지를 반려묘의 기호나 성격에 맞춰 시도해 보자.

스킨십을 좋아하는 고양이라면 힘들지 않을 정도로 부드럽게 쓰다듬거나 말을 걸어서 애정을 쏟아주자. '애정치료'의 한 방법이 된다.

영양 관리 ❷

약이 지니는 작용으로
식욕을 자극

식욕이 떨어져 여러모로 애를 써도 고양이가 먹어 주지 않을 때는 식욕 회복을 목적으로 약을 투여하기도 한다(표1). 고양이에게 사용하는 약물로는 사이프로헵타딘, 미르타자핀 등이 있다. 사이프로헵타딘은 항히스타민, 항세로토닌 작용이 있는 항알레르기제이며, 미르타자핀은 항우울제의 일종이지만 주작용과는 별도로 부작용으로서 식욕이 자극되기도 한다.

미르타자핀은 정제뿐 아니라 귓바퀴 안쪽에 바르기만 해도 피부로 약이 흡수되는 연고 타입도 있다. 투약이 어려운 고양이에게도 사용하기 쉬워서 주목받고 있지만, 일본에서는 시판되지 않아서 동물병원에서 취급하는 경우는 수의사가 개인 수입한 경우뿐이다.

또한 식욕을 자극하는 호르몬과 닮은 작용을 하는 카프로모렐린도 식욕 회복을 위해 사용되기도 한다.

표1 식욕 회복을 목적으로 사용되는 약물의 예

일반명	특징
사이프로헵타딘	항히스타민 작용, 항세로토닌 작용을 하는 약. 신경질적인 고양이에게 더욱 효과를 보이는 경향이 있다.
미르타자핀 ※연고 타입은 일본 미출시. 동물병원에서 취급하는 것은 수의사가 개인 수입한 것.	세로토닌 작용성 항우울제의 일종. 사이프로헵타딘이 듣지 않는 고양이에게도 효과가 있는 경우가 있다.
카프로모렐린 ※일본 미출시. 동물병원에서 취급하는 것은 수의사가 개인 수입한 것.	위에서 분비되는 식욕 호르몬인 그렐린과 비슷한 작용을 통해 식욕을 자극한다.

영양 관리 ❸
직접 영양을 공급하는 튜브 피딩

식욕을 자극하는 약물을 사용해도 자발적으로 먹지 않을 때는 유동식을 실린지에 넣어 강제 급여하는 방법도 있다. 하지만 고양이는 강제 급여를 극단적으로 싫어한다. 밥을 먹이려 하면 고양이는 저항하며 도망치고 서로 스트레스를 받아 포기해야만 할 때도 많다.

그럴 때의 선택지로, 고양이의 몸에 영양 튜브를 장착하여 영양을 체내로 공급하는 튜브 피딩이 있다. 식도와 위에 튜브(카테터)를 넣어서 바늘이 없는 실린지로 유동식이나 액체식을 보급하는 방법으로, 수분 공급이나 투약도 함께할 수 있다는 이점이 있다. 튜브를 몸속에 넣는 게 가엽다고 생각하기 쉽지만 실제로는 단시간에 확실히 영양을 보급할 수 있기에 반려인도 반려묘도 스트레스에서 해방되는 방법이다.

암 진단 시에 체중이 15~20% 이상 감소한 경우 등 치료 개시와 함께 조기부터 튜브 피딩을 하는 경우도 있다.

영양 튜브의 장착은 주로 코, 식도, 위 세 종류의 경로가 있다(표2). 튜브의 종류에 따라서는 장착에 진정 혹은 전신마취가 필요하므로 지병이나 몸 상태에 따라 사용하지 못할 수도 있다.

위루관을 수납하는 주머니가 달린 옷

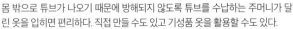
몸 밖으로 튜브가 나오기 때문에 방해되지 않도록 튜브를 수납하는 주머니가 달린 옷을 입히면 편리하다. 직접 만들 수도 있고 기성품 옷을 활용할 수도 있다.

표2 경로에 따른 영양 튜브의 차이

영양 튜브의 종류	적응 기간	장착 방법	장점	단점
비식도관	며칠 ~ 몇 주 정도	• 콧구멍에서 식도까지 관을 넣는다. • 진정이나 마취가 필요 없는 경우가 많다.	• 재빨리 장착 가능 • 사용하지 않게 되면 금세 뺄 수 있기에 간단히 시작할 수 있다.	• 관이 가늘어서 액체식 혹은 일부 유동식만 사용할 수 있고 막히기 쉽다.
식도루관	몇 주 ~ 몇 달	• 목 옆을 절개해서 튜브를 식도까지 연결한다. • 전신마취	• 특별한 기구가 필요 없다. • 사용하지 않게 되면 금세 뺄 수 있다. • 장착 당일부터 식사를 개시할 수 있다. • 경비관보다 두꺼워서 유동식을 사용할 수 있다.	• 관 장착부의 감염 위험이 있다. • 구토 시에 관을 토하는 경우가 있다.
위루관	몇 개월 ~ 연 단위로 사용 가능	• 내시경을 이용해 관을 위에 넣는다. • 전신마취	• 관이 두꺼워서 시판용 사료를 이용할 수 있다(믹서에 갈아서 페이스트처럼 만든 사료를 줄 수 있다). • 저용량으로 고칼로리 식사를 줄 수 있다. • 단시간에 식사를 마칠 수 있다.	• 관 장착부의 감염 위험이 있다. • 드물게 위 내용물의 복강 내 유출이나 복막염을 일으키는 경우도 있다.

비식도관

식도루관

위루관

고통스러운 상태를 조금이라도 개선한다

암이 진행되면 종양이 림프절이나 폐로 전이되어 흉수나 복수가 차서 호흡이 곤란해지는 경우가 있다. 고양이가 매우 괴로울 수밖에 없는 상황인데 조금이라도 괴로움을 덜어주고 삶의 질을 높이기 위해 다음과 같은 대증요법을 시행한다.

흉수나 복수 빼기

유선종양이 폐로 전이됐다거나 림프종 등으로 흉수나 복수가 차서 괴로워할 때는 동물병원에서 흉수나 복수를 빼는 처치를 시행한다.
통원 자체에 스트레스를 받거나 흉수를 빼도 금세 다시 차는 경우 집에서 흉수를 뺄 수 있는 흉강 튜브 장착을 검토하기도 한다. 공기 역류 방지 장치가 부착된 제품도 있기에 수의사가 장착한 흉강 튜브로 반려인이 집에서 흉수를 뺄 수 있다.

산소방으로 호흡 곤란 개선

암에 걸린 고양이의 호흡 곤란을 개선하기 위해서는 동물병원에서 온도, 산소농도, 습도를 맞춘 ICU실에 들어가는 방법도 있지만, 통원이 어렵다면 자택에서 돌보는 방법으로서 산소방 대여 서비스를 이용할 수도 있다.
산소 농축기로 공기보다 고농도의 산소를 만들어, 호스에서 나오는 산소를 흡입하는 방법이다. 전용 상자에 고양이를 넣고 호스로 고농도 산소를 공급한다. 상자에 수건을 덮어 약간 어둡게 하거나 평소 좋아하는 담요를 까는 등 고양이가 들어가기 쉬운 환경을 마련해 주자.

흉강 튜브의 예

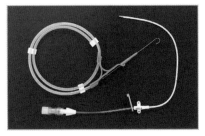

역류 방지 장치가 붙어 있어서 다루기 쉬운 흉강 튜브. 가정에서도 안전하게 사용할 수 있다.

대여 산소방의 예

사진 제공:
테르코무주식회사

산소 농축기로 고농도 산소를 만들어 고양이가 들어간 케이지(앞)에 산소를 공급한다.

5장

투병의 불안을
줄이려면

궁금한 점을 물어보았다 🐾 🐾

가르쳐 주세요! 고바야시 선생님

반려묘가 암에 걸리면 불안에 빠져 어떻게 병을 대하면 좋을지 몰라 헤매는 일도 많을 것이다. 그래서 수많은 암에 걸린 고양이와 반려인을 만나온 고바야시 선생님에게, 반려인이 많이 품는 고민이나 수의사에게 좀처럼 묻기 어려운 의문에 대한 답을 들어 보았다.

답변: 고바야시 데쓰야 선생님

ⓠ 반려인도 최신 치료법을 찾아보아야 할까요?

동물 의료가 날로 발전하고 있다고 하는데요. 수의사가 말해 주는 것 외에, 저도 최신 암 치료에 관해 전문서 등을 찾아보는 게 좋을까요?

ⓐ 최신 치료법이 반드시 '반려묘에게 최선'은 아닙니다.

병에 관해 공부하는 것 자체는 나쁘지 않지만 정보의 출처가 부정확한 것도 적지 않습니다. 또한 충분한 근거가 있는 치료법이 아닌데도 반려인이 최선이라고 믿어 버리는 경우도 자주 봅니다. 최신 치료법이 반드시 최고는 아닙니다. 최신 치료법은 역사가 짧은 만큼 데이터 축적이 적어서 중장기독성(치료법을 일정 기간 이상 실시할 때의 독성)이 불명확한 측면도 있습니다. 한편 예전부터 있었던 치료법은 일정한 효과가 인정되었기에 지금도 남아 있는 것입니다.

또한 무엇이 최선의 치료일지는 고양이에 따라 전혀 달라집니다. 일반적으로 '최신' '최선'이라 해도 여러분의 고양이에게 그것이 최선인지는 알 수 없습니다. 암뿐 아니라 만성 신장병 등의 지병 유무에서도 치료의 선택지는 달라지므로 우선 평소 다니는 병원의 수의사 선생님과 충분히 상의해 보세요.

Q 수술을 결정하지 못할 때는 어떻게 해야 하나요?

반려묘의 나이가 많은데 암에 걸렸어요. 체력적으로 수술은 걱정도 되고 금전적으로도 부담이 돼서 적극적인 치료를 결정하기가 힘듭니다. 하지만 소중한 아이가 조금이라도 오래 살아 주기를 바라는 마음에 갈등하고 있습니다.

A 반드시 암과 싸우지 않아도 됩니다.

반려인마다 생각도 다르고 가정의 사정도 다르므로 반드시 근치치료(72쪽~)를 해야 한다고 말하는 것은 아닙니다. 병을 그 아이의 천명이라고 생각하고 근치치료는 하지 않고 헤어지는 날이 오기까지 집에서 평화롭게 지내는 것도 나쁜 일은 아닙니다. 그런 경우라도 통증이나 고통을 없애는 완화치료(86쪽)를 하는 것은 가능합니다. 담당 수의사와 잘 상의해서 반려인과 반려묘에게 더 좋다고 생각되는 방법을 선택하세요.

Q 투병으로 고양이가 저를 미워할까 봐 걱정돼요.

우리 고양이는 겁이 많아서 병원을 싫어해요. 통원이나 수술로 스트레스를 받으면 저를 미워하지 않을까요.

A 걱정하지 마세요. 미움받는 건 수의사입니다.

주사 등 고양이가 싫어할 행동을 하는 것은 우리 수의사니까 그건 걱정 안 하셔도 됩니다. 반려인은 고양이에게 유일한 피난처입니다. 오히려 반려인을 더욱 좋아할지도 모릅니다. 고양이가 우리 수의사를 미워하더라도(슬프긴 하지만) 가족들과 고양이가 최종적으로 행복해진다면 그걸로 됐다고 생각합니다.

Q 인터넷 정보가 너무 많아서……. 어떻게 필요한 정보를 찾아야 할까요?

반려묘가 암이라는 진단을 받고 보니 마음이 안 놓여서 저도 모르게 인터넷으로 찾아보게 돼요. 사람에 따라 하는 말이 다르기도 하고 같은 병이라도 정보가 너무 다양해서 정답을 모르겠어요.

A 인터넷 정보는 적당히. 실제 수의사와 잘 의논하세요.

인터넷에는 유용한 정보가 흘러넘칩니다. 하지만 옳은지 그른지 알 수 없는 것도 많아서 어떤 것이 진짜인지 판단하는 것은 무척 어려운 일입니다. 특히 '좋았던 경험'보다는 아무래도 '나쁘게 느낀 경험'을 글로 남기는 경향이 있기 때문에, 어쩌다 운이 좋지 않았던 고양이 한 마리의 블로그를 읽고 완치 가능성이 있는 치료법을 포기해 버리는 반려인도 있습니다.

인터넷에는 다양한 생각이 있으므로 자신이 바라는 사이트를 만날 수 있을지도 모르지만, 진짜인지 아닌지 알 수 없는 정보에 휘둘릴 가능성에는 충분히 주의해야 합니다. 사람은 일단 생각이 한 곳에 꽂히면 비슷한 정보를 찾아 헤매는 경향이 있기에 편향된 생각만 귀에 들어올 가능성이 있습니다. 수의사조차 그런 편향은 오진으로 이어지므로 정말로 조심해야 합니다.

인터넷 정보의 바다에 빠지지 않기 위해서는 믿을 수 있는 현실 세계의 수의사를 만나야 합니다. 가령 그 수의사와 맞지 않더라도 병원을 바꾸면 됩니다. 동물병원은 일본 전국에 약 1만 곳이나 있으니까요.

사랑하는 반려동물이 암에 걸려 투병으로 힘들어하는 반려인의 약 40%가 우울감을 느낀다는 연구도 있습니다. 우울증은 '마음의 감기'라고 부르듯, 누구나 걸릴 수 있습니다. 평소라면 아무런 문제 없이 할 수 있는 판단도, 우울한 상태에서는 할 수 없는 경우도 있습니다. 그러니 어떻게 해야 할지 모를 때는 인터넷 정보의 바다를 향해 헤엄칠 것이 아니라, 되도록 현실의 수의사와 상의하면서 마음을 조금씩 정리하는 것이 좋습니다.

Q 2차 소견을 받고 싶은데요.
다니던 병원의 수의사가 기분 나빠하지 않을까요?

현재 다니는 수의사 선생님의 진단만으로는 불안해요. 2차 의료기관의 소
견을 받고 싶은데 선생님이 기분 나빠하실까 봐 말을 꺼내기 힘들어요. 솔
직하게 수의사 선생님은 어떻게 생각하시나요?

A 종양의 경우 수의사가 2차 소견을 권하는 일도 늘고 있습니다.

1차 의료기관의 주치의와 평소 어떻게 의사소통을 해왔는지에 따라
다르지만, 현재의 수의계에서 2차 소견은 자주 일어나는 일입니다.

1차 의료기관에서는 주치의로서 광범위한 병을 진료합니다. 한편 종
양을 비롯해 다양한 분야에 특화된 전문진료를 하는 2차 의료기관 등
에서는 그 시점에서의 최신 정보를 바탕으로 가족들의 요구나 예산에
맞는 진단·치료의 선택지를 함께 생각해 줄 것입니다(75쪽 칼럼 참조).

수의임상종양학은 가장 업데이트가 빠른 분야이기도 하므로 최근
은 1차 진료 수의사가 먼저 2차 소견을 받아 보라며 전문 진료를 권하
는 경우도 늘고 있습니다. 오히려 적극적으로 권하는 수의사를 더욱 신
뢰할 수 있다고 생각합니다.

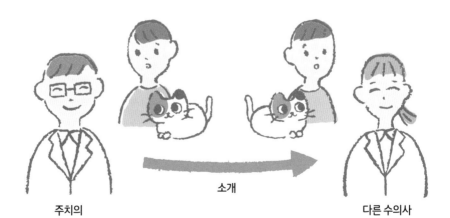

주치의　　　　　　　소개　　　　　　　다른 수의사

A 먹이는 것은 반려인 마음이지만 식사를 제대로 챙기는 것이 더 중요합니다.

건강 보조제는 의약품이 아닌 이른바 건강식품이고 먹이는 것은 반려인 마음입니다. 하지만 보조제를 같이 먹이는 것에 관해서는 잘 알려져 있지 않습니다. 지나치게 많이 먹이는 게 몸에 해롭지 않다고 단언할 수 없는 부분도 있습니다. 개중에는 '암에 들을지도 모르는' 보조제도 있을 수 있지만 어떤 성분이 얼마나 드는지 알 수 없고, 그 성분의 품질이나 양도 보증된 바는 없습니다.

일부 반려인은 보조제를 너무 찾아 헤맨 나머지 '식사를 제대로 챙기는 것'이라는 매우 중요한 기본을 잊어버리는 분도 많은 것 같습니다. 보조제를 이것저것 먹이기보다는 우선은 적절한 양의 사료를 제대로 먹이는 편이 훨씬 중요합니다.

기적적으로 암이 나은 고양이가 보조제를 먹었다는 말을 들으면 같은 것을 먹이고 싶은 마음은 이해가 갑니다. 하지만 그것을 반드시 '보조제가 잘 들었다'고 할 수는 없습니다. 다른 약물을 투여했거나, 애초에 면역력이 좋았다거나 하는 다른 원인도 있었기에 기적이 일어난 경우일 수도 있습니다. 안타깝지만 그 기적적인 성공 사례를 따라 한다 해도 대부분 암은 낫지 않습니다. 고양이의 암에서 만화나 마법 같은 효과를 나타내는 치료는 없습니다. 그런 마법이 있다면 제가 배우고 싶을 정도입니다.

기본적으로 민간요법으로는 고양이의 암을 치료하는 것은 불가능하다고 생각하세요. '암이 낫지 않더라도 보조제를 사용해서 조금이라도 고양이를 편하게 해 주고 싶어……' 그 마음은 누구보다도 잘 압니다. 그렇습니다. 암이 진행될 경우 가장 중요한 치료 중 하나가 통증 치료입니다. 현재는 일반적으로 먹는 약 외에 붙이는 약, 점막으로 흡수시키는 진통제 등 다양한 진통제를 고양이에게 투약할 수 있습니다. 구강 편평상 피암 등은 약으로 통증을 완화하는 것만으로 고양이가 밥을 먹어 주는 경우도 있습니다. 탈수 상태인 고양이에게는 피하수액도 매우 효과적입니다. 반려묘가 마지막 순간을 맞이할 때까지 조금이라도 고통을 덜어주는 방법은 많이 남아 있습니다.

보조제에는 반려인 자신의 컨디션이 보조제로 개선되는 것과 같은 정도의 확률을, 고양이에게도 기대하면 딱 좋습니다. 부디 인터넷 광고 등에 현혹되지 말고 보조제를 현명하게 이용하세요.

'시한부 ○개월'과 수의학의
'생존 기간'은 의미가 다르다

TV 드라마 등에서 암에 걸린 사람이 시한부 선고를 받는 장면이 자주 등장하기 때문인지 암=시한부 선고를 받는 것이라고 생각하기 쉽지만, 실제로는 사람도 동물도 반드시 시한부 선고를 받는 것은 아니다. '시한부'의 숫자는 잘 이해하지 않으면 오해를 부를 가능성도 있기에 수의사에 따라서는 굳이 말하지 않는 경우도 있다.

가령 수의사가 이 아이의 '생존 기간'이 9개월이라고 말했다고 치자. 반려인은 '최대 9개월' 혹은 '시한부 9개월'이라고 해석해 버릴지도 모른다. 시한부 9개월이란 남은 목숨이 9개월이라는 의미로, 수의학에서 빈번히 사용되는 '생존 기간의 중앙값(혹은 평균값)※와는 전혀 다르다. 생존 기간의 중앙값이란, 절반은 9개월 미만에 목숨을 잃지만 나머지 절반은 9개월을 넘어도 생존한다는 의미다. 수의사와 반려인 사이에 인식의 차이가 생기기 쉬운 말이다.

※ 역주-중앙값과 평균값은 약간의 차이가 있다. 중앙값(median)은 전체 변량을 순서대로 정렬했을 때 정중앙에 위치한 수이다. 평균값(mean)은 전체 변량을 모두 더한 후 변량의 개수로 나눈 수이다.

인식 차이가 생기기 쉽다

앞으로 9개월요?

생존 기간 9개월입니다.

중앙값=9개월

환자 중 절반은 9개월 이상 산다.

'생존 기간' 숫자는 당신의 고양이에게 반드시 해당하는 것이 아니다.
어디까지나 데이터의 하나라고 생각하자.

반려인 스스로 마음을 다스리며

반려묘의 암 투병과 마주하는 법

반려묘가 '암'에 걸리면 반려인의 기분이 요동치거나 오랜 투병 생활로 때로는 마음이
지치는 경우도 있다. 그럴 때 반려인으로서 어떻게 마음을 지켜야 할까. 암에 걸린 반려동물의
반려인 곁에서 상담하고 있는 일본소동물암센터의 나카모리 아즈사 선생님에게 물었다.

**나카모리 선생님은 암에 걸린 동물의 반려인에 대해 어떤 상담
을 하고 계신가요?**

암 치료를 받는 강아지, 고양이뿐 아니라 반려인도 정신적
으로 불안정한 상황인 경우가 대부분입니다. 특히 초진 시에
는 불안한 마음이 너무도 크시리라 생각하기에 저는 접수처
에서 인사하고 하루의 흐름을 설명하는 것부터 시작합니다.
우선은 대기실에서 이야기를 나누며 얼굴을 익힌 후 조금이
라도 불안이 누그러졌으면 하는 바람으로 임합니다.

그 후 담당 수의사가 진찰한 후 필요하다고 생각하는 검사
를 설명하거나 대략적인 비용 등을 반려인에게 전합니다. 동
의를 얻은 후 검사 동의서를 받는데 그때도 제가 관여합니다.
수의사의 설명만으로는 반려인은 '해야 하는구나' 하며 기세
에 눌려 버리기도 합니다. 그렇게 되지 않기 위해서는 가족끼
리 '정말로 여기까지 할 것인가'를 생각할 시간이 필요합니다.
가족이 수긍하는 것이 가장 중요하므로 의향에 따라 치료할
수 있도록 지원하고 있습니다.

나카모리 아즈사 선생님

수의사•일본소동물암센터
상담과장

도쿄노코대학대학원 박사과정
수료. 도쿄 카운슬링스쿨
연수Ⅱ 수료 후 NPO에서 헬스
어드바이저 등의 경험을 쌓고 일반
동물병원에서 멘탈 케어 스태프로
근무. 2008년부터 현직에 있다.
일본에서는 전례 없는 동물병원
상담과에서 시행착오를 거치며
10년 이상에 걸쳐 암에 걸린 동물과
반려인의 힘이 되고 있다.

개별 상담에서는 어떤 이야기를 하나요?

대체로 45~60분 정도, 반려인에 따라 내용은 달라집니다. 어떤 치료를 선택할지 고민된다는 이야기랄지, 집에서 감정을 드러낼 수 없는 분이 그저 울기만 하다가 돌아가는 경우도 있습니다. 우선은 이야기를 듣고 그다음 '이렇게 생각해 보면 어떨까요?' 하고 제안하기도 합니다.

그 외에도 대기실에서 낙담하고 있는 분이 계시면 말을 걸기도 합니다. 상담이라고 하면 조용한 방에서 일대일로 하는 이미지가 강하지만, 필요할 때는 언제 어디서든 이야기를 들을 수 있는 자세로 임하는 것이 중요하다고 생각합니다.

병든 아이를 간병하는 것은 개, 고양이를 막론하고 정말 힘든 일이므로 반려인의 심리적 부담을 조금이라도 줄이는 것은 무척 중요합니다. 감정을 털어놓을 수 있는 곳이나 이야기를 들어주는 사람이 있는 것만으로 마음이 편해지기 때문에 지금 다니는 병원에 상담과가 없더라도 간호사나 접수하는 분 등 대화하기 좋은 사람을 찾아서 주저하지 말고 이야기를 나눴으면 좋겠습니다.

'후회는 당연한 것'이라고 생각해도 돼요.

반려묘가 '암'에 걸리면 어떤 치료법을 택해야 할지, 언제까지 이어가야 할지…… 등 반려인에게는 정해야 할 일이 많습니다. 그 결단은 어떻게 내리면 좋을지, 생각할 때 참고할 지침이 있을까요?

수의사는 선택지를 제시하는 것밖에 할 수 없습니다. 무엇을 선택할지는 그 아이와 함께 사는 가족이므로 결정할 수 있는 일입니다. 하지만 '그걸 했으면 안 괴로웠을 텐데' 하는 후회는 반드시 한다고 생각해요. 하지만 어떤 치료법을 선택한다 해도 완벽한 답은 없습니다. 소중한 아이를 생각해서 무척 고민한 끝에 선택한 것이니 반려인이 그 시점에서 결단한 것이 정답입니다. '후회는 당연한 것'이라고 생각해도 된답니다.

지금은 인터넷에서 다양한 정보를 볼 수 있으니
내 선택이 맞았는지 불안해지기도 해요.

같은 병이라도 다른 아이에게 맞는 치료가 우리 아이에게 맞으리라는 보장
은 없습니다. 우리 아이에게 맞는 것을 수의사와 상의하여 결정했다면 그 선택
에 자신을 가져도 되지 않을까요? 그래도 불안이 사라지지 않는다면 '후회를 덜
할 것 같은 선택'을 하는 것도 한 방법이겠지요.

병에 걸린 아이가 있는 반려인은 '이 아이 앞에서는
절대 눈물을 보이지 않을 거야' '약한 소리를 하지
않을 거야' 하며 힘내는 사람이 많은 것 같습니다.
아무래도 긴장할 수밖에 없는 투병 생활을 어떻게
지속하면 좋을까요?

지치는 것, 즐거운 것에
죄책감을 가지지 마세요.

수의료가 발달하여 함께 지낼 수 있는 시간이
길어진 것은 멋진 일이지만 간병하는 기간이 길
어지면 반려인은 지치게 마련입니다. 그런데 자
신이 지치는 것, 지금 상황에서 도망치고 싶다고
생각하는 것에 죄책감을 가지는 분이 많아요. '이
아이는 병과 이렇게 열심히 싸우고 있는데 내가
즐거워서는 안 되지'라고 생각하는 거지요.

가령 쇼핑하거나 영화를 보면서 잠시 기분 전환을 하는 것에도
죄책감을 가지는 사람도 있는 것 같습니다.

그래도 기분 전환을 할 수 있는 분은 건전하다고 할 수 있어요. 병마와 싸우고 있는 아이에게
미안하다며 아무 데도 가지 않고 그 아이만을 위해 자기 시간을 쓰는 건 균형이 너무 좋지 않습니
다. 반려인이 자신의 생활을 제대로 유지하는 것이 중요하고, 지쳐서 나가떨어지면 안 되니까요.
정신의 균형을 유지하기 위해서라도 병에 걸린 아이를 생각하지 않는 시간은 중요합니다. 그것
에 죄책감을 가질 필요는 없습니다. 충분히 잘하고 있으니 자신을 인정해 주세요.

다묘 가정의 경우 병에 걸린 아이만 너무 보살피다 보면 다른 아이가 질투하거나
뭐든 양보하게 하는 건 아닐까 신경 쓰일 때가 있어요. 병에 걸렸더라도 가능한
한 특별취급하지 않고 모두 똑같이 대하는 게 좋을까요?

사람도 마찬가지지만 병에 걸린 아이에게 아무래도 손이 가는 것은 어쩔 수
없는 일이고, 함께 있는 아이들은 매일 돌보는 것을 보고 그 아이의 상태를 알겠
지요. 병에 걸린 아이의 상태나 각각의 관계성에 따라서도 다르겠지만 동거하
는 아이들의 눈치를 볼 필요는 없을 것 같습니다. 억지로 모든 고양이를 평등하
게 대하려고 하면 병에 걸린 아이가 무지개다리를 건넜을 때 오히려 후회할지
도 모르고, 같이 사는 아이가 병에 걸리면 또 그 아이에게 신경을 쓸 수밖에 없
을 테니까요.

게다가 반려인과 고양이, 고양이끼리도 관계성은 변화합니다. 가령 저도 예
전에 두 마리 있었던 고양이 중 한 마리가 무지개다리를 건너자 남은 아이가 엄
청나게 저에게 집착하게 되었어요. 일대일이 되었더니 완전히 껌딱지가 되어
서 이렇게 변할 수도 있나 싶었지만, 그 후 새로운 새끼 고양이를 들였더니 이번
에는 고양이끼리의 세계가 생겨서 안정되었어요. 그때그때 관계성은 변화하는
것이므로 병든 아이가 있는 동안에는 다른 아이 눈치를 보지 말고 충분히 보살
펴 주세요.

병이 진행되어 통증이나 고통 개선의 여지가 없고, 너무도 괴로워하는 아이를 보고 있으면 '안락사'라는 선택지가 뇌리를 스치는 경우도 있을 것 같습니다. 수의사에게 어떻게 전하면 될까요?

고통으로부터 해방시켜 주는 것도 하나의 선택지지만 안락사는 무척 어려운 문제라 수의사에 따라서는 하지 않는다, 인정하지 않는다는 사람도 있습니다. 막상 그 순간이 왔을 때 다니던 병원이 대응해 줄지는 미리 알아둬야 합니다.

안락사를 선택할 가능성이 있다면 '이런 상태가 된다면 안락사를 선택할지도 모르는데, 대응해 주시나요?'라고 미리 물어보는 편이 좋겠습니다. 일본인의 경우 안락사에 죄책감을 느끼는 사람도 많고 실제로 선택하는 사람은 적은 것 같습니다.

이별할 날이 가까워지면 '마지막은 내 품에서 떠나보내고 싶어'라고 바라는 반려인도 많을 것입니다. 하지만 모든 사람이 마지막 순간에 함께할 수 있는 것은 아니고, 지켜보지 못한 것을 후회하는 목소리도 자주 듣습니다.

저는 반려인이 없을 때 떠났든, 반려인 품에서 떠났든, 모두 '그 아이가 선택한 일'이라고 생각합니다. 정신론처럼 되어 버리지만, 우리는 마지막 순간을 결정할 수 없으니까요. 또 우리는 실은 고양이에게 선택받은 거랍니다. "이 아이가 우리를 선택해서 와 준 것이니까 우리는 그에 따르죠"라고 말하기도 합니다.

인연이 닿아서 와 주었으니 떠나는 타이밍도 장소도 그 아이가 선택한 것. 고양이 중에는 혼자서 가고 싶은 아이도 있지 않을까요? 마지막 순간을 지키지 못했을 때는 하나의 생각으로서 '이 아이는 조용히 떠나고 싶었구나'라고 생각하면 좋을 것 같아요. 위로가 아니라 정말로 그런 것이라고 저는 생각합니다.

어려운 문제지만 반려묘의 유한한 생명에 관해,
반려인은 어떻게 받아들이면 좋을까요?

동물과 살겠다고 결심한 단계에서 마지막 순간까지 지켜봐 주는 것은 반려인의 의무입니다. 고양이는 점점 수명이 길어지고 있으므로 함께 살 시간이 길어질수록 그 아이를 잃는다고 생각하는 것만으로 괴로워지지요. 하지만 우리 반려인이 먼저 죽을 수는 없기에 역시 우리가 보내주는 것은 대전제라 할 수 있습니다.

병원에서 '생존 기간 몇 개월' 같은 말을 들으면 반려인은 눈앞이 깜깜해지고 무척 괴로운 법입니다. '지금 이렇게 건강한데 이 아이가 곧 없어져 버린다고?' 하며 불안해지고, 눈물을 흘리기도 합니다. 하지만 당사자인 고양이는 자신이 어떻게 될지 생각하지 않습니다. 사랑하는 가족이 함께 있고 안아 주고 맛있는 것을 먹을 수 있는, 그것이 동물들에게 있어서 행복입니다. 그것을 직시하세요.

또 생존 기간 몇 개월이라는 것은 과거의 데이터 통계상 수치일 뿐, 그것이 당신의 아이에게 해당될지는 모르는 일입니다. '이 아이는 곧 죽는구나' 하며 나중 일을 생각하며 슬픈 기분으로 매일 보내지 말고 지금 함께 있을 수 있어서, 서로 행복을 느낄 수 있는 시간을 즐기며 소중히 여기세요. 저도 계속 동물과 함께 살면서 나름대로 생명을 떠나보내 온 경험에서 강하게 그렇게 생각하고 있고, 중요한 것이라고 생각합니다.

나중 일을 생각하면서 불안해지는 것은 인간의 좋은 점이기도 하지만 나쁜 점이기도 합니다. 하고 싶은 말은, 동물들은 앞날 따위 생각하지 않고 '지금'을 소중히 살아가고 있기에 우리도 지금을 소중히 여기자는 것입니다.

시그마

테토라

C짱

P짱

뮤뮤

파토라

사랑하는 고양이와의
그 무엇과도 바꿀 수 없는 '지금'을
소중히

인터뷰

미우(암컷·향년 16세, 러시안블루)의
편평상피암 투병 경험
— 가네다 사토에 씨

현재 SNS에서 인기가 많은 고양이 '구마오'
'고구마'와 살고 있습니다. 사람도 고양이도
행복한 사회를 꿈꾸며 2018년 일반사단법인
구마오를 설립했습니다. http://kumao.co

반려인이 평소처럼 생활하는 것이 가장 좋은 약인지도

15년간 함께 산 반려묘 미우가 편평상피암 선고를 받고 약 3개월간 병간호를 하며 돌본 가네다 씨.
"처음 암이라는 사실을 알았을 때는 병의 진행 속도, 증상에 대한 충격이 커서 병명은 의식하지
도 못했어요."

진행이 빨라서 수술은 하지 못했고 겁이 많은 성격을 고려해 항암요법과 방사선요법은 선택하
지 않았다고 한다.

"당시에는 치료도 무엇을 선택하는 것이 정답인지, 어떻게 마주해야 좋은지 몰라서 고민했어
요. 하지만 정답은 어디에도 없고, 미우의 '살고 싶다'는 마음과 마주하며 가능한 한 부담이 되지
않도록 지낼 수 있는 방향으로 생각이 바뀌어 갔어요."

점차 눈이 보이지 않게 되고 후각도 잃게 된 미우.

"놀라지 않도록 말을 걸면서 가까이 가는 등 미우가 안심하고 지낼 수 있도록 조심했어요. 그때
까지 미우는 남편을 정말 좋아했고 저를 잘 따르지 않았는데 병간호를 할 때는 저에게 마음 놓
고 몸을 맡겨 주었어요. 그게 너무 기뻐서 힘을 받았지요. 다만 투병 중에는 항상 밝게 대하려고
결심했지만, 미우의 통증이 심해진 후반에는 제가 당황하는 모습을 보이고 만 것을 지금도 가
장 후회하고 있어요."

투병 생활은 반려인에게 있어서 힘든 일이 많은 법이다.

"저는 그 괴로움만을 떠안고 '미우와의 소중한 시간'이라는 마음은 빠져 버린 시간을 보내고 말
았어요. 병이나 증상에만 눈을 돌리지 말고 나 자신이 즐겁게 지내는 시간도 공유할 수 있었다
면 훨씬 안심하고 지내주었을 거라고 생각해요. 말은 안 통해도 마음은 통한다고 생각하므로,
반려인이 언제나처럼 즐겁게 지내는 것이 가장 좋은 약인 것 같아요."

또한 '암'이라는 말에 너무 사로잡히지 않는 것도 중요하다고 느낀다고.

"암은 비관적으로 만드는 단어라고도 느꼈어요. 미우에게는 병이나 암이라는 개념이 없었다고 생
각하기에 병(암)에 걸린 미우, 가 아니라 '미우는 미우'라고 인식하는 것이 중요했구나 싶어요."

108

인터뷰

구리(암컷·향년 16세)의
유선종양 투병 경험
—이 책을 구성하고
  글을 담당한 군지 마키

시행착오 끝에 완성된 터진 종양 관리용 옷.
앞발이 자유롭지 못하면 싫어했기 때문에
가슴 부분에 고무줄을 넣어서 입혔다.

반려묘의 생명의 빛이 남겨 준 것

잔병치레 하나 없었던 반려묘 구리가 열다섯 살 때 가슴에 작은 혹이 발견되어 유선종양이라는
사실을 알았습니다. 당시에는 '한 살이 되기 전에 중성화수술을 했는데 왜 암에 걸렸을까. 식사
가 영향을 주었나, 환경이 스트레스였나……' 하고 이유를 생각하며 자책했습니다.

그런 이야기를 다니던 동물병원 수의사 선생님께 했더니 "암은 조심해도 걸리는 병입니다. 반
려인의 탓이 아니에요"라는 말을 듣고 마음이 가벼워졌습니다. 그 후로는 병도 이 아이의 개성
중 하나라고 받아들이게 되었습니다.

암이 폐로 전이된 후 마지막까지 약 한 달은 숨쉬기도 괴로워 보였고, 힘든 투병 생활이었지만
그전까지는 1년 이상 암과 잘 지내며 살아갈 수 있었다고 생각합니다. 종양이 터졌을 때는 핥지
못하도록 환묘복을 개량해서 몸에 맞는 옷을 직접 만들고, 생리대를 붙여서 출혈 부분을 청결
히 유지하도록 했습니다. 하루에 몇 번이고 옷을 갈아입히는 수고도 즐거웠습니다.

언젠가 헤어지는 날이 오리라는 것은 각오하면서 사랑하는 이 아이를 위해 절대 후회하지 않도
록 하자고 긍정적으로 생각했지만, 지금 생각하면 조금 무리를 한 것 같습니다.

힘내서 투병 생활을 하자는 마음이 너무 강했기에 항상 구리를 위해 무언가를 하지 않으면 초
조해졌고, 무지개다리를 건넌 후에는 열심히 해도 소용이 없었구나, 하는 무기력에 사로잡혔습
니다.

그 생각은 지금도 지울 수 없지만, 이번 책을 제작하면서 수의임상종양학 전문의이자 일인자이
기도 한 고바야시 선생님이 '암에 걸린 동물의 치료를 포기하지 않는다'는 감정을 접하고 생각
이 바뀐 것 같습니다. 만약 구리가 암에 걸리기 전에 이 책을 읽었다면…… 결과가 바뀌었을지
는 알 수 없지만 더욱 마음에 여유를 가질 수 있었을 것 같습니다.

지금, 반려묘의 암과 마주하고 있는 수많은 반려인에게 이 책이 마음의
의지처가 되어, 투병 생활에 도움이 되기를 바랍니다.

념념이와 나의 동행기

박혜원

념념이
암컷•10세

서울의 끝자락, 작고 조용한 동네의 터줏대감 고양이인 념념이는 '이쁜이'라는 이름으로 약 8년을 살아왔다. 념념이는 동네 카페 입구에 앉아 특유의 붙임성으로 오가는 사람들에게 간식을 얻어먹었고, 그 모습에 푹 빠진 나는 3년 동안 매일같이 념념이를 챙겼다.

념념이는 나를 만나면 엄청난 하이 톤으로 울다가 벌러덩 몸을 뒤집고 누워 이리저리 구르며 만져달라고 애교를 부리곤 했는데 그날은 어쩐지 뭔가 좀 이상한 기분이 들었다. 입 주변에는 피가 묻었고, 아랫배가 아팠는지 털을 다 뽑아 겉 피부가 드러나 있었다. 전에는 털 때문에 보이지 않았는데 자세히 보니 배에 혹 같은 무언가가 비정형적으로 생겨 있었고, 심지어 피와 고름이 묻어 심각해 보였다.

념념이를 8년 가까이 돌봐 주신 아주머니께 연락해 함께 동네 동물병원으로 갔다. 병원에서는 조직검사를 해 봐야 자세한 상태를 알 수 있겠지만 유선종양 같다고 했다. 다른 생각을 할 겨를도 없이 바로 수술 날짜를 잡았다.

우리 집은 동물 출입이 철저하게 금지된 집이었다. 하지만, 념념이의 상태가 너무 좋지 않아서 고민이 많았다. 이대로 둔다면 금방 길에서 무지개다리를 건널 것 같았다. 그렇게나 사람을 좋아하고 또 사랑받는 걸 좋아하는데, 추운 겨울날 건물 구석에서 숨이 꺼져가는 것도 모른 채 무서움에 떨며 떠나게 하고 싶지 않았다. 3년 동안 념념이를 지켜봤고, 또 나에게 념념이라는 존재가 얼마나 중요한지 아는 가족들은 큰 고민 후에 집으로 데려와도 된다고 허락해 주었다. 그렇게 수술을 마치고 퇴원한 념념이는 우리 집 막내가 되었다.

이후 병원에서 전해준 조직검사 결과는 역시 유선종양이었다. 힘든 수술을 거친 후에도 념념이는 강한 모습을 보여주었다. 처음 지내는 우리 집이 낯설었을 텐데도 원래부터 이 집에

110

서 태어난 고양이인 양 굴며 씩씩하게 잘 지냈다. 수술 후 혼자 화장실도 잘 가지 못해서 매번 념념이를 안고 화장실로 날라야 할 정도로 회복이 더딘 시간도 있었지만, 그 와중에도 살고자 하는 념념이의 의지는 매우 강했다. 아픈 와중에도 밥그릇을 싹 비우며 서서히 건강을 회복해 나갔다.

하지만 행복은 오래가지 못했다. 종양이 재발한 것이다. 발견된 종양은 제거 수술을 했지만, 이후 병원에서는 항암치료를 권해주셨다. 한국에는 아직 항암치료를 받는 반려동물이 많지 않았기 때문에 밤새 해외 저널을 찾아가며 자료를 찾았고, 어떻게 해야 가장 좋은 선택일지 고민했다. 결국, 오랜 고민 끝에 항암치료를 시작하기로 결심했다.

암에 걸린 뒤로 념념이의 체력은 예전보다 많이 떨어졌고, 5.5kg였던 몸무게도 4.2kg가 되었다. 그래도 삶에 대한 의지를 불태우며 열심히 먹고 자면서 건강을 되찾고 있다. 여전히 암과 싸우고 있지만 건강하던 시절 매일 그랬던 것처럼 햇볕을 쬐며 잠들고, 전투적으로 닭고기 트릿을 먹으며 날 향해 야옹거린다.

념념이의 종양 제거 수술과 항암치료를 결정한 뒤로 주변 사람들은 내게 참 많은 말을 건넸다. "처음부터 키웠던 고양이도 아닌데 왜 그렇게 시간과 돈을 쏟는 거야?" "어차피 그냥 뒀으면 무지개다리를 건넜을 아이인데, 네 덕분에 그만큼이라도 살았으니까 할 만큼 한 거야." "념념이 입장에서는 계속 치료하는 게 더 힘들지도 모르잖아."

걱정해서 건넨 말이겠지만, 어떻게 해서라도 념념이를 살리고 싶은 내게는 그 말이 모질게 들리기도 했다. 나 또한 '어떻게든 치료해주고 싶은 욕심이 얘를 더 힘들게 하는 걸까' 하고 생각한 적도 있었다. 하지만 념념이가 우리 집 식구가 되고, 작은 몸으로 견디기 힘들었을 종양 제거 수술과 항암치료를 받으면서도 21개월 넘게 나와 살고 있는 이 순간은, 춥고 위험했던 념념이의 삶에서 가장 따뜻하고 아늑한 시간이라는 것 또한 사실이기에 포기할 수 없다. 아무리 미래가 정해져 있다 해도 나는 최선의 판단을 하며 념념이를 살려낼 것이고, 남은 생을 아늑하고 편안하게 살 수 있도록 도울 것이다.

우리는 같은 곳을 향해 가고 있어

에이치h

설기
수컷•16세 추정

조용한 아침, 갑작스러운 소리가 집 안에 울려 퍼진다. "차라라라락." 자동 급식기에서 사료 떨어지는 소리-설기가 제일 반기는 소리다. "두다다다" 이어지는 다급한 발소리. 설기가 자다가 깨어 자동 급식기로 뛰어간다. "까드득 까드득, 찹찹." 조용했던 집이 사료 씹는 소리로 소란스럽다. 하루에 몇 번씩 반복되는 이 평범한 일상이 어느 때보다 소중하게 느껴지는 요즘이다.

설기는 혜화동 골목에 살던 길고양이였다. 2008년 10월 어느 날 친구 집에 무단침입해서 눌러앉았다가 우리 집으로 왔다. 어쩌다 보니 같이 살게 되었고, 자연스럽게 오랜 시간을 함께 보내면서 가족이 되었다.

처음 건강에 이상을 느낀 것은 석 달 전쯤부터다. 설기는 자주 입맛을 다시며 쩝쩝 소리를 냈다. 먹을 걸 달라는 신호인가 싶어 간식을 주면 잘 먹지 못하고 바닥으로 떨어뜨렸다. 간식을 먹고 나면 입 주변에 음식물이 지저분하게 묻고, 물을 마시면 턱밑이 축축하게 젖었다. 그 모습이 하나부터 열까지 챙겨줘야 하는 아기 같았다. 그때는 그저 나이가 들어서 그런 줄로만 알았다.

시간이 지날수록 설기는 점점 울지도 않고 털을 고르지도 않았다. 입을 꾹 다물고 있다가 한번 입을 열면 다시 쩝쩝거리면서 얼굴에 불편한 기색이 보였다. 그래도 여전히 밥은 잘 먹었고, 잠도 잘 자고 화장실도 잘 가서 큰 문제는 아닐 거로 생각했다.

그렇게 한 달이 지나도 계속 입이 불편해 보이는 설기를 보며 혹시 구내염인가 의심했다. 관련 정보를 검색하다가 혀나 목구멍에도 구내염이 생길 수 있다는 걸 알았다. 입 안쪽을 확인하려고 자는 설기를 안아 입을 크게 벌렸다. 설기가 발버둥 치며 야옹 울자, 혀 밑으로 어떤 덩어리가 보였다. 표면이 올퉁불퉁하고 크기도 컸다. 잘 모르는 내가 봐도 평범한 염증이 아니란 걸 알 수 있었다.

혀 밑 덩어리를 처음 발견한 밤부터 아침까지 검색어를 바꿔가면서 정보를 찾았다. 얼마 지나지 않아 깨달았다. 암이구나. 설기가 곧 죽을지도 모른다는 사실이 너무 슬펐다.

더 슬픈 건 형편이 넉넉지 않다는 사실이었다. 이때 나는 생활비도 부족할 만큼 경제적인 어려움에 시달리고 있었다. 반려동물 암은 치료비도 많이 든다고 하던데 감당할 수 있을까? 아니, 그래

도 암이 아닐 수도 있으니 검사는 해 봐야 하지 않을까? 마음은 거친 바다를 떠도는 작은 배처럼 하루에도 몇 번씩 울렁거렸다.

그래도 혹시나 하는 마음으로 친구의 도움을 받아 큰 동물병원에서 검사했다. 설기의 혀 아래에는 약 1.5cm의 악성종양이 있었고, 결국 종양 제거 수술을 받았다. 설기의 치료는 이제 시작됐는데, 벌써 내가 일 년 동안 번 돈보다 더 많은 금액을 병원에 지불했다. 하지만 수술 후 1주일 정도 지났을 뿐인데도 훨씬 편안하게 지내는 모습을 보면, 빚내서라도 치료를 시작한 걸 후회하지 않는다.

알고 있다. 아무리 좋은 치료를 해도 설기는 떠날 것이다. 살아 있는 모든 것은 죽어가는 중이라고 한다. 나 역시 마찬가지다. 아마도 내가 살아가는 동안 할 수 있는 가장 의미 있는 일 중 하나는 설기가 왔던 곳으로 다시 돌아갈 때까지 덜 아프고 즐겁게 살 수 있도록 돕는 일이 될 것이다. 설기와 나에게 다가올 미래도, 병원비 때문에 무섭게 늘어나는 빚도 두렵다. 하지만 생각해 보면 웃음과 눈물이 뒤섞여 채워지는 게 우리의 삶이다.

수술 후 식욕이 좋아진 설기가 금세 밥을 다 먹고 이불 속으로 들어왔다. 내 왼쪽 팔과 몸 사이에 자리를 잡고 누워 손바닥을 핥아 준다. 손에 느껴지는 축축하고 따뜻한 작은 혀가 반갑다. 따뜻한 이불 속에서 서로의 체온을 느끼며 나란히 누워있는 평범한 이 순간을 나는 오랫동안 기억할 것 같다.

여름을 사랑한 미래를 추억하며

이은지

미래
암컷•향년 5세

어느 날부터 미래의 식사량이 줄었다. 점점 사냥놀이도 하지 않으려 하고, 연달아 토하는 날도 있었다. 밥은 하나도 먹지 않고 가장 좋아하는 간식도 거부했다. 상황이 예사롭지 않음을 느끼고 병원에 갔다가, 혈액검사 수치가 심상치 않아 다시 2차 병원에서 정밀검사를 받았다. 검사 결과는 췌장종양이었다. 이미 폐와 간에도 암이 전이된 상태라고 했다. 미래가 하루아침에 시한부 고양이가 되었다. 이날부로 미래와의 이별을 조금씩 준비했다. 장례식장을 알아보고, 편지지와 발바닥 도장을 찍을 지점토를 사고, 마지막에 곁에 넣어줄 꽃도 생각해 뒀다. 췌장암을 진단받고 떠나기 전까지 미래는 계속 비식도관을 장착하고 생활했다. 관이 빠지지 않도록 계속 넥칼라도 씌워둬야 했다. 비식도관을 넣는 것이 미래를 괴롭히는 일 같아 계속 마음 한편이 불편했다.

하지만 지나고 보니 꼭 그렇지만은 않았던 것 같다. 그것 역시 내가 해줄 수 있었던 최선의 돌봄 중 하나였다. 처음엔 미래도 나도 적응하기 힘들었지만, 비식도관이 없었더라면 아무것도 먹지 못해 상태가 더 나빠졌을지도 모른다. 오히려 이 방법으로 충분한 영양을 공급해 줄 수 있었고, 투약 스트레스도 줄일 수 있었다. 이 글을 읽는 누군가에게 비식도관을 넣는 것이 내 아이에게 몹쓸 짓을 하는 것이 아니라고 꼭 말해주고 싶다.

암을 진단받은 후 어느덧 두 달이 지났다. 그 시간 동안 미래는 아픈 내색 없이 씩씩하게 버텨줬다. 물론 중간중간 고비도 많았다. 흉수가 차올라 당장 24시 병원에 가야 했던 날도 있었다. 그날 이후로 매일 호흡수와 몸무게를 확인하기 시작했다. 혹시 모를 상황을 대비해 집에 산소방도 대여해 뒀다.

면역력이 떨어져서인지 미래는 허피스에 걸려 한동안 눈이 퉁퉁 부어 고생하기도 했다. 거의 3주가량 고생한 끝에 병을 잘 이겨냈지만, 면역력이 떨어지면 언제든지 허피스가 다시 생길 수도 있었기에 늘 조심스러웠다.

시간이 지날수록 미래는 행거 밑으로, 옷장 속으로, 어두운 곳을 찾아 숨어들었다. 수많은 고비를 넘겼지만, 미래의 생명은 점점 꺼져가는 것처럼 느껴졌다. 검사 수치가 나쁘다는 것을 나타내는 빨간 글씨는 늘어갔고, 간도 심장도 망가지는 것 같았다. 먹여야 하는 약도 점점 늘어갔다. 미래는 돌아올 수 없는 길을 가고 있었다. 나는 이별해야 할 순간이 다가오고 있음을 직감했다.

8월 여름의 끝자락, 넉 달이 조금 넘는 투병 끝에 미래는 고양이별로 돌아갔다. 호기심이 가득했던 미래는 마지막 순간까지도 궁금한 게 많았는지 귀를 쫑긋 세우고 눈을 감았다.

미래가 태어난 계절도 여름. 우리가 처음 만난 계절도 여름. 미래가 떠난 계절도 여름. 더위가 그치고 가을이 온다는 처서가 오기 전에 미래는 떠났다. 아마 미래는 여름을 사랑했나 보다.

미래가 떠난 지 다섯 달이 넘었지만, 여전히 그립고 보고 싶다. 지구별에서의 좋은 추억들만 가득 안고 그곳에서는 아프지 않길. 나의 전부, 나의 세상이 되어줬으니, 너도 너의 세상에서 행복하길. 너의 찬란했던 묘생을 이렇게 추억하고 추모한다. 미래야 사랑해!

고양이의 암 조기 발견부터 치료법까지

초판 1쇄 인쇄 2024년 6월 12일
초판 1쇄 발행 2024년 6월 20일

감수	고바야시 데쓰야	펴낸 곳	야옹서가
한국어판 감수	임윤지	출판등록	2017년 4월 3일(제2020-000107호)
글·구성	군지 마키	주소	서울시 마포구 월드컵북로 400, 5층 19호
옮긴이	박제이	전화	070-4113-0909
펴낸이	고경원	팩스	02-6003-0295
편집	고경원	이메일	catstory.kr@gmail.com
디자인	131WATT		

ISBN   979-11-91179-19-4(13520)

일본어판 제작진

디자인	나가이 마사코, 고바야시 유키노(인시)
일러스트	가쓰라가와 리나(주식회사 에프앤드에스 크리에이션즈)
도판	야마무라 유이치(cyklu)
사진	고바야시 데쓰야(증례, 장기, 기구, 반려묘), tomo

참고문헌
- 小林哲也, 賀川由美子「病理組織検査から得られた猫の疾患鑑別診断リスト 2015」『Veterinaly Oncology』. 8:4-43, 2015.
- 『犬・猫の腫瘍学 理論から臨床まで』(Guillermo Couto, Néstor Moreno 著 瀬戸口明日香 監訳 / ファームプレス、2016)
- 『動物看護の教科書 新訂版 第5巻』(緑書房, 2020)
- 「犬と猫のワクチネーションガイドライン 2015」(WSAVA)
- 「放射線治療に係るガイドライン」(日本獣医学会)
- 「獣医腫瘍科認定医」(日本獣医がん学会サイト)
- 「がん情報サービス」(国立がん研究センター)
- 「緩和ケア.net」(日本緩和医療学会)

- Bertone E.R., Snyder L. A., Moore A.S.: Environmental tobacco smoke and risk of malignant lymphoma in pet cats. *Am J Epidemiol*, 156: 3, 268-273, 2002.
- Brodbelt D.C., Blissitt K.J., Hammond R.A., et al.: The risk of death: the confidential enquiry into perioperative small animal fatalities. *Vet Anaesth Analg*, 35:5, 365-373, 2008 .
- McNeill C.J., Sorenmo K.U., Shofer F.S., et al.: Evaluation of adjuvant doxorubicin-based chemotherapy for the treatment of feline mammary carcinoma. *J Vet Intern Med*. 23:1, 123-129, 2009.
- Morrison W.B., Starr R.M.: Vaccine-Associated Feline Sarcoma Task Force. *J Am Vet Med Assoc*. 218:5, 697-702, 2001.
- Overley B., Shofer F.S., Goldschmidt M.H., et al.: Association between ovarihysterectomy and feline mammary carcinoma. *J Vet Intern Med*, 19:4, 560-563, 2005.